ISW 43

Berichte aus dem Institut für Steuerungstechnik
der Werkzeugmaschinen und Fertigungseinrichtungen
der Universität Stuttgart

W. WALTER

Interaktive NC-Programmierung von Werkstücken mit gekrümmten Flächen

Springer-Verlag Berlin Heidelberg GmbH 1982

D 93

Mit 62 Abbildungen

ISBN 978-3-540-11503-8   ISBN 978-3-662-07966-9 (eBook)
DOI 10.1007/978-3-662-07966-9

Geleitwort des Herausgebers

Das Institut für Steuerungstechnik der Werkzeugmaschinen und Fertigungseinrichtungen der Universität Stuttgart befaßt sich mit den neuen Entwicklungen der
Werkzeugmaschinen und anderen Fertigungseinrichtungen, die insbesondere durch
den erhöhten Anteil der Steuerungstechnik an den Gesamtanlagen gekennzeichnet
sind. Dabei stehen die numerisch gesteuerten Werkzeugmaschinen in Programmierung, Steuerung, Konstruktion und Arbeitseinsatz sowie die vermehrte Verwendung des Digitalrechners in Konstruktion und Fertigung im Vordergrund des In-
teresses.

Im Rahmen dieser Buchreihe sollen in zwangloser Folge drei bis fünf Berichte pro
Jahr erscheinen, in welchen über einzelne Forschungsarbeiten berichtet wird. Vor-
zugsweise kommen hierbei Forschungsergebnisse, Dissertationen, Vorlesungsmanu-
skripte und Seminarausarbeitungen zur Veröffentlichung.

Diese Berichte sollen dem in der Praxis stehenden Ingenieur zur Weiterbildung
dienen und helfen, Aufgaben auf diesem Gebiet der Steuerungstechnik zu lösen.
Der Studierende kann mit diesen Berichten sein Wissen vertiefen.

Unter dem Gesichtspunkt einer schnellen und kostengünstigen Drucklegung wird
auf besondere Ausstattung verzichtet und die Buchreihe im Fotodruck hergestellt.

Der Herausgeber dankt dem Springer-Verlag für Hinweise zur äußeren Gestaltung
und Übernahme des Buchvertriebs.

Gottfried Stute

Inhaltsverzeichnis

Seite

<u>Abkürzungen</u> und <u>Kurzdefinitionen</u>

APT	<u>a</u>utomatically <u>p</u>rogrammed <u>too</u>ls; problem-orientierte Programmiersprache für NC-Werkzeugmaschinen
ARELEM	<u>ar</u>ithmetic <u>ele</u>ment; Programmteil im APT-Processor, der die Zuordnung des Werkzeugs zu Flächen beschreibt
B	Drehachse des Schwenkkopfs, parallel zur Y-Achse (Werkzeug-tragend)
bit	<u>b</u>inary dig<u>it</u>; kleinste Darstellungseinheit für Binärdaten
C'	Drehachse des Drehtisches, parallel zur Z-Achse (Werkstück-tragend)
CAD	<u>c</u>omputer <u>a</u>ided <u>de</u>sign
CAM	<u>c</u>omputer <u>a</u>ided <u>m</u>anufacturing
CLDATA	<u>c</u>utter <u>l</u>ocation <u>data</u>; Ausgabedatei eines NC-Processors, Eingabedatei für den Postprocessor
CNC	<u>c</u>omputerized <u>n</u>umerical <u>c</u>ontrol
CODASYL	<u>C</u>onference on <u>D</u>ata <u>S</u>ystems <u>L</u>anguages
DNC	<u>d</u>irect <u>n</u>umerical <u>c</u>ontrol
FORTRAN	<u>fo</u>rmula <u>tran</u>slation; technisch-naturwissenschaftliche Programmiersprache
Fräserachsrichtung	Vektor in der Rotationsachse des Fräsers, der von der Fräserspitze zum Antrieb hin gerichtet ist
Fräserspitze	Spurpunkt der Fräserachse auf der konvexen Hüllfläche eines einseitig eingespannten, rotierenden Fräsers
(i, j, k)	Richtungskosinus eines Einheitsvektors
(N, G, S, F, T, M)	Adressen eines NC-Satzes
NC	<u>n</u>umerical <u>c</u>ontrol
M-System	Maschinenkoordinatensystem

W-System	Werkstückkoordinatensystem
(x,y,z)	kartesisches Koordinatensystem
X'	Achsrichtung des Maschinentisches (Werkstück-tragend)
Y	Achsrichtung des Auslegers (Werkzeug-tragend)
Z	Achsrichtung des Maschinenständers (Werkzeug-tragend)

Symbole und Bezeichnungen

Vektoren werden mit Pfeil gekennzeichnet (z.B. $\vec{FN}$),Einheitsvektoren durch "oben Null" (z.B. $\vec{FN}^O$). Längengrößen werden in Übereinstimmung mit der Bildschirmdarstellung (z.B. Bild 5.7) mit Großbuchstaben abgekürzt.
Die im Text erläuterten und nur lokal verwandten Größen werden hier nicht aufgeführt.

B_I, $\vec{B}_I$	Bezeichnung eines Berührpunktes; Vektor zum Berührpunkt
β	Voreilwinkel; Winkel zwischen Fräserachse Flächennormale
$\vec{EZ}(u,\beta)$	Vektordarstellung der das Fräsrillenprofil Erzeugenden
$\vec{f}$	Vektorfunktion
F_O, F_1	Gewichtsfunktionen
$\vec{FN}$	Flächennormale
G_O, G_1	Gewichtsfunktion
kB	Krümmungsparameter für die Bahnkrümmung
kN	Krümmungsparameter für die Krümmung normal zur Bahnrichtung
l	Parameter
μ	Fräserachsversatz
P	Fräsbahnpunkt
P_{ES}, $\vec{P}'_{ES}$	Schnittpunkt der Erzeugenden einer Regelfläche mit einer gekrümmten Fläche; Vektor zum Schnittpunkt

P_{QS}	Schnittpunkt der Fräserachse mit einer gekrümmten Fläche
$\vec{Q}$	Fräserachsrichtungsvektor
$\vec{R}(u,v)$	Radiusvektor einer in Parameterform gegebenen Fläche
R	Krümmungsradius
RB	Krümmungsradius der Fläche in Bahnrichtung
RD	Überdeckung
RE	Fräsereckenradius
RF	Fräserradius
RI	Fräserinnenradius
RL	Raumkurvenlänge
RN	Krümmungsradius der Fläche in der Normalprofilschnittebene
RT	Fräsrillentiefe
$\vec{R}_T$	Tangente an eine Flächenkurve
$\vec{R}_u$	Ableitung der Funktion $\vec{R}(u,v)$ nach u
$\vec{R}_v$	Ableitung der Funktion $\vec{R}(u,v)$ nach v
$\vec{R}_{uv}$	gemischte Ableitung der Funktion $\vec{R}(u,v)$ nach u und v
$T, \vec{T}$	Fräserspitze; Vektor zur Fräserspitze
$\vec{TB}$	Tangente in Bahnrichtung
$\vec{TN}$	Tangente normal zur Bahnrichtung und zur Flächennormalen
t	Parameter
u	Parameter
v	Parameter
$\vec{V}_1, \vec{V}_2$	Vektoren, die ein rechtwinkliges Koordinatensystem in der Fräserstirnfläche aufspannen
$\vec{\varphi}$	Parameter
$\vec{X}(u)$	Beschreibung des Fräsrillenprofils
$\vec{XP}$	Vektor zu einem Fräsbahnpunkt

Indizes

i	Nummer einer Fräsbahn
j	Zählvariable
l	Nummer eines Fräsbahnpunktes
I,II,III	Flächennummer

1 Einleitung

Neben Firmen aus der Luft- und Raumfahrttechnik als den
Wegbereitern der NC-Technik im allgemeinen und des mehr-
achsigen NC-Fräsens gekrümmter Flächen im besonderen, zeigen gegenwärtig zunehmend auch Firmen anderer Branchen
wachsendes Interesse am fünfachsigen NC-Fräsen / 1 /; denn
immer mehr kompliziert geformte Werkstücke müssen mit einer reproduzierbaren, hohen Genauigkeit als Einzelteile
oder in kleinen Serien gefertigt werden / 2 /.

Untersuchungen zu Technologie, Teileprogrammierung und nume-
rischer Flächendarstellung / 3, 4 /, zur Auslegung von Fünf-
achsen-NC-Fräsmaschinen / 5, 6 / und zu den Abweichungen am
Werkstück / 7 / haben eine breite Grundlage für die indu-
strielle Anwendung des fünfachsigen Fräsens geschaffen. Der
Nachweis der Wirtschaftlichkeit gelang sowohl im Rahmen von
Forschungsarbeiten / 3, 8, 9 / als auch in der Praxis / 10 /.
Nicht zuletzt führt auch das günstiger werdende Preis-
Leistungsverhältnis von NC-Maschinen zur verstärkten An-
wendung dieser Fertigungsart / 11 /.

Laut Definition lassen sich beim fünfachsigen NC-Fräsen -
im folgenden nur noch fünfachsiges Fräsen genannt - die
Lage der Fräserspitze und die Richtung der Fräserachse
kontinuierlich, simultan und gesteuert verändern / 3 /.
Daraus leiten sich die Vorteile gegenüber dem dreiachsigen Fräsen ab, bei dem lediglich die Position der Fräserspitze, nicht aber auch die Richtung der Fräserachse ver-
änderbar ist. Die Vorteile (Bild 1.1) sind jedoch nur
dann vollständig nutzbar, wenn der Arbeitsvorbereitung
im Rahmen der NC-Programmierung entsprechende Methoden zur
Verfügung stehen, die es erlauben, aus den Konstruktionsdaten die optimalen Bearbeitungsinformationen zu erzeugen.

Die Steuerdaten für die NC-Fertigung können nur mit Rechner-
hilfe ermittelt werden. Voraussetzung dafür sind Programm-

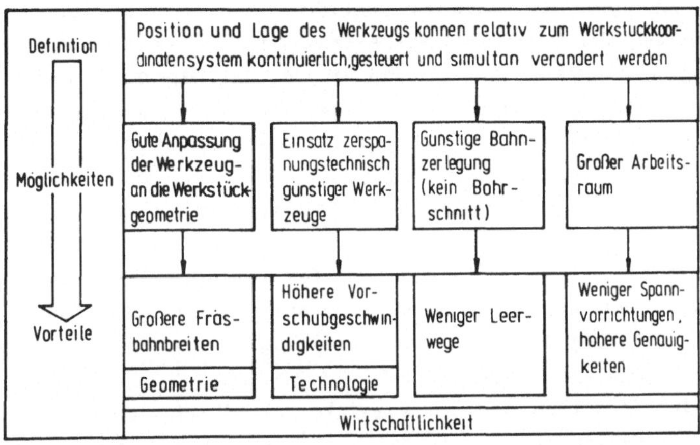

<u>Bild 1.1</u>: Definition, Möglichkeiten und Vorteile des fünf-
achsigen Fräsens

systeme zur Beschreibung der Fertigungsaufgabe. Läßt sich diese in einer dem Programmsystem verständlichen Sprache for-
mulieren und unter Zugriff auf Dateien verarbeiten, so können diese Komponenten nach / 12 / unter dem Begriff eines
problemorientierten Programmiersystems zusammengefaßt werden.

Die für fünfachsige Bearbeitungsaufgaben verfügbaren Pro-
grammiersysteme weisen jedoch erhebliche Mängel auf / 1,
4 /, und dieser Sachverhalt führt zwangsläufig zu aufwendigen Korrekturzyklen von der Programmierung bis zum fertigen Werkstück und zu langen Testzeiten auf der Werkzeugmaschine. Hieraus resultiert eine verminderte Wirtschaftlichkeit, insbesondere bei Einzelteilfertigung, weil in
diesem Fall die Test- und Programmierzeiten einen hohen
Prozentsatz der Gesamtfertigungszeit betragen. Nicht sel-
ten machen die Testzeiten für neue Werkstücke ein Mehrfaches
der eigentlichen Fertigungszeit aus. Fehlende Algorith-

men zur bestmöglichen Fräserführung tun ein Übriges zur
Erhöhung der Bearbeitungszeiten. Hinzu kommen ungünstige
Programmiermethoden, so daß die dem Teileprogrammierer
zur Verfügung gestellten Hilfsmittel nicht der schwieri-
gen und komplexen Aufgabenstellung angepaßt sind.

Von dieser Situation ausgehend, leitet sich das Ziel dieser Arbeit ab: Einen Beitrag zu leisten zur Reduktion der
Korrekturzyklen, der Test- und Fertigungszeiten durch die
Entwicklung von Algorithmen zur optimalen Fräserführung
und von neuen Methoden der Teileprogrammierung.

Weiterhin sollen die zu entwickelnden Methoden und Verfahren im Rahmen eines Systems zur Darstellung und Bearbeitung
von Werkstücken mit gekrümmten Flächen erprobt werden.

2 Fünfachsige Fertigung gekrümmter Flächen

Beliebig gekrümmte Flächen sind analytisch nicht beschreib-
bar, sondern mathematisch nur näherungsweise darzustellen
/ 4, 13, 14 /. Typisch hierfür sind Werkstücke aus der
Luft- und Raumfahrtindustrie, des Strömungsmaschinenbaus,
des Automobilbaus und der Konsumgüterindustrie / 3, 8, 15,
16 /. Diese Produkte müssen sowohl als Einzelteile als
auch in Massen gefertigt werden. Die Fertigung von Hohl-
formwerkzeugen oder von Elektroden zur funkenerosiven
oder elektrochemischen Bearbeitung von Umformwerkzeugen
gehört deshalb mit in das Aufgabenspektrum / 1, 11, 17 /
und wird zukünftig an Bedeutung zunehmen.

Voraussetzung für den optimalen Einsatz des fünfachsigen
Fräsens ist die Verfügbarkeit entsprechender Algorithmen
und Methoden in einem Programmsystem. Deshalb ist es notwendig, zunächst zu analysieren, welche Algorithmen ein
Programmsystem anbieten muß, bevor auf die Anforderungen
bezüglich Struktur, Hardware und Programmiermethode eingegangen wird.

2.1 Technologie des fünfachsigen Fräsens

Die idealgeometrische Gestalt einer gekrümmten Fläche
kann beim Fräsen nur durch Fräsrillen angenähert werden
/ 18, 19 /. Die Einflußgrößen und deren Zusammenhang
untereinander verdeutlicht Bild 2.1.

Abhängig von der Werkstückgeometrie werden Werkzeug und
Fräsbahnart ausgewählt. Unter Fräsbahnart ist eine von
verschiedenen Möglichkeiten der Fräserführung zu verste-
hen, z.B. Parameterkurven oder Schnittkurven usw., die in
Verbindung mit der numerischen Flächenbeschreibung Raumkurven ergeben und mittels einer zulässigen Linearisierungstoleranz (Linear.-toleranz) in Punktfolgen aufgelöst wer-

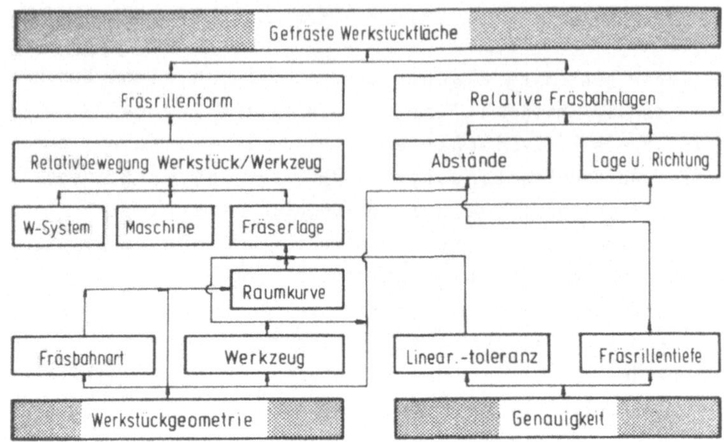

Bild 2.1: Einflußgrößen auf gefräste Oberflächen
(W-System ... Werkstückkoordinatensystem)

den. Die Punktfolgen sind die Berührpunkte zwischen Fräser und Fläche und werden als Fräsbahnen oder auch Fräs-
zeilen bezeichnet.

Die durch die Relativbewegung zwischen spanendem Fräser
und Werkstück entstehende Fräsrillenform läßt sich analytisch nicht beschreiben, wohl aber näherungsweise das
Fräsrillenprofil in der Normalprofilschnittebene / 4 /
(Bild 2.2). Die bei vorgegebener Fräsrillentiefe RT zu
erreichende Fräsrillenbreite RD - auch Überdeckung genannt - ist ein Maß für die Güte der Anpassung der Werk-
zeug- an die Werkstückgeometrie und für die Lage der benachbarten Fräsbahnen.

Die Fräsbahnlagen und -richtungen sind so anzuordnen, daß
die geometrisch ideale Oberfläche innerhalb einer zulässigen
Form- und Maßabweichung wirtschaftlich hergestellt wird.
Nach Untersuchungen / 3, 4 / ist das fünfachsige Fräsen

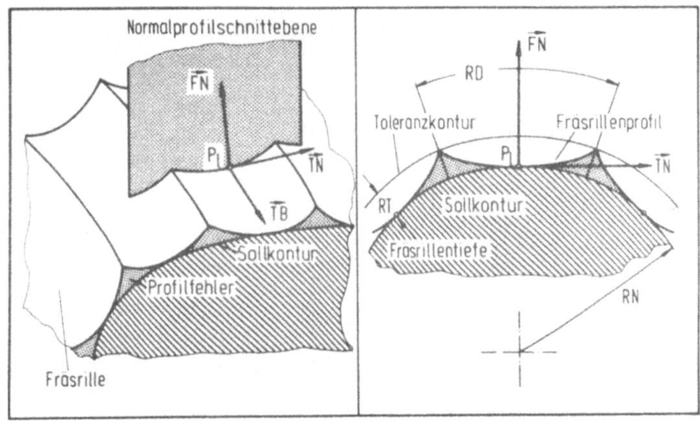

Bild 2.2: Normalprofilschnitt einer Fräsrille (nach / 4 /)

dann am wirtschaftlichsten, wenn soweit als möglich mit der
Maschine fertigbearbeitet wird. Die Bearbeitungszeit wird dann
am kürzesten, wenn die Fräsbahnen so gelegt werden können, daß
die Fräsrillen am breitesten sind; dies ist abhängig von
den Krümmungsverhältnissen der Fläche und den eingesetz-
ten Werkzeugen. Einschränkungen für Anzahl und Lage der
Fräsbahnen ergeben sich aus möglichen Kollisionen zwischen Werkzeug, Werkstück und/oder Maschine bzw. Vorrichtung.

Eine Fräsbahn wird definiert durch ihre Lage, ihre Richtung und die Art ihrer Berechnung. Diese Parameter sind
u.a. abhängig von den Krümmungsverhältnissen , der Form
des Flächenstücks (drei- oder viereckig), dem Bearbei-
tungsmuster (Zick-Zack- oder Pendelfräsen) und dem Bear-
beitungsmodus (Umfangs- oder Stirnfräsen). Alle Einflußgrößen, ihre Zusammenhänge und Auswirkungen zeigt Bild 2.3.

Diese Zusammenhänge und jene nach Bild 2.1 müssen von
einem Programmsystem für fünfachsiges Fräsen berücksichtigt

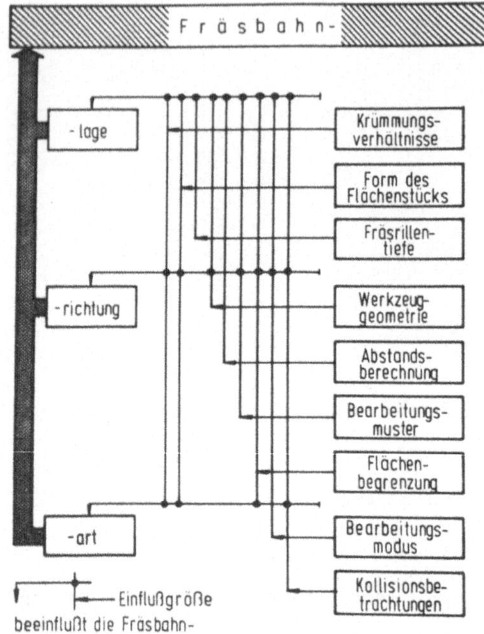

Bild 2.3: Einfluß-
größen auf Lage und
Richtung der Fräs-
bahnen

werden können. Grundlage ist die Berechnung der Fräserpositionsdaten unter Berücksichtigung der entstehenden Fräsrillenprofile.

Außer der Frage nach den benötigten Algorithmen zur Fräserführung stellt sich auch die nach der Programmiermethode und
dem Informationsfluß zwischen Programmierung und Fertigung.

2.2 Programmierung fünfachsiger Fräsaufgaben

Voraussetzung für eine effektive Fertigung ist ein fehler-
loser und vollständiger innerbetrieblicher Informationsfluß / 20 /, der aus technischen, sich auf die Geometrie
und die Technologie zur Fertigung des Produkts beziehenden,
und den organisatorischen, d.h. den Fertigungsablauf be-

stimmenden Informationen zusammengesetzt ist. Wie sich aus
den aufwendigen Korrekturzyklen schließen läßt, sind die
technischen Informationen mancherlei Fehlereinflüssen unterworfen. Die Fehlerquellen liegen in den betreffenden
Informationsquellen, d.h. den Betriebsbereichen Konstruktion, Arbeitsplanung und NC-Programmierung sowie Fertigung. Hinzu kommen Datenübertragungsfehler vom einen in
den anderen Bereich.

Analysiert man den NC-Datenfluß vom Arbeitsplan bis zum fertigen Werkstück, so ist er Fehlereinflüssen ausgesetzt, die in
einer falschen Fräser-Werkstückzuordnung einerseits / 3 / und
in Abweichungen in den Maschinenachsen andererseits / 7 /
liegen. Falsche technologische Einstellgrößen sind weitere
Fehlerursachen.

Die sich daraus ergebenden Konsequenzen betreffen Wahl und
Einsatz von Fünfachsen-Fräsmaschinen und die Entwicklung
des 'Verbesserten NC-Datenflusses' /3, 21 /, wonach Funktionen des Postprocessors, im wesentlichen die Koordinaten-
transformationen und die Interpolation von Zwischenpunkten
zur Verringerung des Linearisierungsfehlers / 22, 23 /, in
die Steuerung verlagert werden. Die Steuerung, zusätzlich
mit einer Korrektureinheit versehen, ist somit für Kor-
rektureingaben auf CLDATA-Ebene geeignet / 3, 24 /. Die
Vor- und Nachteile des verbesserten NC-Datenflusses ergeben sich aus Bild 2.4. Demnach ist das Einfügen, Ändern oder
Löschen von Steuerinformationen an der Steuerung grundsätzlich dann problematisch, wenn eine gesicherte Rückmeldung
der Korrekturdaten in die Arbeitsvorbereitung nicht gewährleistet werden kann, da somit in den einzelnen Betriebsbereichen verschiedene Datenbestände zum selben Sachverhalt
vorliegen. Auch ungünstige Fräsbahnlagen und -richtungen
sind nicht beeinflußbar, weil sowohl die Werkstückgeometrie
als auch die Algorithmen zur Fräserwegberechnung im Steue-
rungsrechner nicht zur Verfügung stehen.

Verbesserter NC-Datenfluß	
Möglichkeiten	Mängel
Änderung (an der Steuerung) • der Fräser-Werkstück-Zuordnung - Werkstückaufspannung - Einfügen, Löschen, Ändern von Fräserpositionsdaten - Interpolationsart • technologischer Werte - Vorschubgeschwindigkeit - Spindeldrehzahl - Kühlmittel	• fehlende Rückmeldung der Korrekturen in die Arbeitsvorbereitung • fehlende Korrekturmöglichkeiten an der Steuerung für - den Einsatz anderer Fräser - fehlerhafte Fräserwege - ungünstige Fräsbahnlagen und Fräsbahnrichtungen - falsche Werkstückbeschreibung

<u>Bild 2.4:</u> Der verbesserte NC-Datenfluß

Zwar sind Bestrebungen im Gange, für einfachere Werkstücke Geometrie- und Technologie-Processoren in die Steuerung zu verlagern, doch eine Entwicklung, wie sie sich z.B für die Drehbearbeitung / 25 / oder auch schon für dreiachsiges Fräsen abzeichnet / 26 /, ist für die fünfachsige Fräsbearbeitung nicht zu erwarten, weil

- die Programmierung Stunden, manchmal sogar Tage in Anspruch nimmt (die Werkzeugmaschine wäre dann ein teurer Programmierplatz),
- der Maschinenbediener mit der Programmierung bei weitem überfordert wäre,
- die Werkstückbeschreibung und die Fräserwegberechnung für eine optimale fünfachsige Bearbeitung nicht vollständig sein können, und weil schließlich
- hierdurch das Problem der Datenredundanz auftritt, d.h. durch den Aufbau einer Werkstückbeschreibung sowohl in der Steuerung als auch in der Konstruktion entsteht ein aufwendiger Änderungsdienst.

Der letztgenannte Punkt ist von Bedeutung einmal im Hinblick
auf die Reduktion von Datenübertragungsfehlern, zum andern
sollte jeder Betriebsbereich immer auf dieselbe Werkstückbeschreibung zugreifen können; denn durch jede zusätzliche
Werkstückbeschreibung wird unnötige Mehrfacharbeit geleistet.

Eines der Ziele dieser Arbeit ist es, die Testzeiten an
der Werkzeugmaschine zu reduzieren. Dies ist vorteilhaft möglich, wenn die Testfunktionen in die der Fertigung vorgelagerten Bereiche NC-Programmierung bzw. Arbeitsplanung übernommen
werden können. Infolgedessen benötigt der Arbeitsvorbereiter ein Instrument zur Simulation der Bearbeitung, und dies
kann die grafische Datenverarbeitung sein. Mit ihrer Hilfe
sollte es ihm möglich sein, iterativ, von einem rechnerin-
ternen Werkstückmodell ausgehend, möglichst fehlerfreie
NC-Daten zu erzeugen.

Diese und die vorangegangenen Gesichtspunkte liegen den Anforderungen an ein Programmiersystem für das fünfachsige
Fräsen von Werkstücken mit gekrümmten Flächen zugrunde.

2.3 Anforderungen an ein Programmiersystem für fünf-
achsiges NC-Fräsen

Die Anforderungen setzen sich zusammen aus denen an die
Geometriebeschreibung, an die Technologie, an die Arbeitsplanung und schließlich an die Automatisierung des Informationsflusses. Da die Geometrie an anderer Stelle zen-
trales Thema ist / 27 /, soll hier nur insofern darauf
eingegangen werden, als dies für die weiteren Untersuchungen
von Bedeutung ist.

Die numerische Flächenbeschreibung

Als geeignete Definitionsform für gekrümmte Flächen zur

numerischen und grafischen Darstellung sowie für differentialgeometrische Betrachtungen erweist sich die Vektordarstellung / 28, 29 / mit den krummlinigen Gaußschen Koordinaten u und v als Parametern (Bild 2.5), deren Vorteile in der Literatur ausgiebig erörtert werden / 4, 18 /. Von den Flächenbeschreibungen nach Bézier / 15, 30 / und Coons / 31 / eignet sich letztere als sehr gute Voraussetzung für den Einsatz eines Verfahrens zur Approximation von Raumpunkten / 32 /, das dort zunehmend an Bedeutung gewinnt, wo die mittelbare Erzeugung eines numerischen Flächenmodells (Automobilkarosserie, Turbinenschaufel usw.) notwendig ist.

Die allgemeine Flächenbeschreibung nach Coons (Bild 2.5) ergibt sich aus der Gewichtung von Randbedingungen, die als

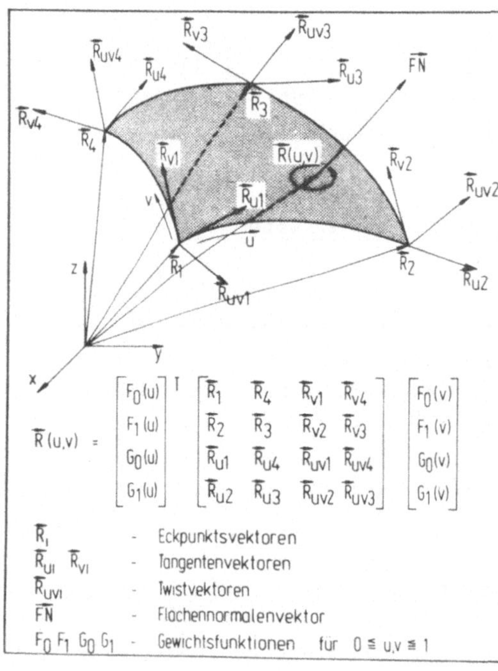

$$\overline{R}(u,v) = \begin{bmatrix} F_0(u) \\ F_1(u) \\ G_0(u) \\ G_1(u) \end{bmatrix}^T \begin{bmatrix} \overline{R}_1 & \overline{R}_4 & \overline{R}_{v1} & \overline{R}_{v4} \\ \overline{R}_2 & \overline{R}_3 & \overline{R}_{v2} & \overline{R}_{v3} \\ \overline{R}_{u1} & \overline{R}_{u4} & \overline{R}_{uv1} & \overline{R}_{uv4} \\ \overline{R}_{u2} & \overline{R}_{u3} & \overline{R}_{uv2} & \overline{R}_{uv3} \end{bmatrix} \begin{bmatrix} F_0(v) \\ F_1(v) \\ G_0(v) \\ G_1(v) \end{bmatrix}$$

$\overline{R}_i$	- Eckpunktsvektoren
$\overline{R}_{ui}$ $\overline{R}_{vi}$	- Tangentenvektoren
$\overline{R}_{uvi}$	- Twistvektoren
$\overline{FN}$	- Flächennormalenvektor
F_0 F_1 G_0 G_1	- Gewichtsfunktionen für $0 \leqq u,v \leqq 1$

Bild 2.5: Flächendarstellung nach Coons / 33 /

Eckpunktsinformationen bezeichnet werden. Die Formen der
Randkurven bestimmen die Tangentenvektoren, die innere Flächenform bestimmt die Twistvektoren. Durch die Variation der
Eckpunktsinformationen können folglich Form und Lage der
Fläche beeinflußt werden. Die Aufgabe der Approximation
von Raumpunkten besteht in der Berechnung der Eckpunktsinformationen, wobei die Raumpunkte naturgemäß nicht auf der
berechneten Fläche liegen, weshalb zur Erfüllung der Coons-
schen Vektorform Korrekturvektoren eingeführt werden müssen.
Diese sind nach der Methode der Minimierung der Summe der
Korrekturquadrate nach Gauß zu optimieren / 4, 32 /.

Für die Untersuchungen zur Fräserwegberechnung (Kapitel 3)
wird die allgemeine Flächenbeschreibung nach Coons - mit kubischen Gewichtsfunktionen in u und v - zugrundegelegt, weil

- die bikubischen Polynome der Gewichtsfunktionen
  einen guten Kompromiß zwischen einer einfachen ana-
  lytischen Darstellung (mit schlechten Approximationseigenschaften) und einer komplizierten (mit guten
  Approximationseigenschaften) bilden, denn je höher
  der Polynomgrad, desto komplexer die Funktionen und
  umso größerer Aufwand entsteht für nachfolgende An-
  wendungen,
- sie sich gut eignet für eine Einteilung einer Gesamtfläche auch nach technologischen Gesichtspunkten,
- und ferner weil sie in anderen Systemen für die Beschreibung gekrümmter Flächen ebenfalls verwendet
  wird.

Die Flächeneinteilung, vorteilhaft interaktiv am grafischen
Bildschirm vorzunehmen / 33 / (Bild 2.6), ist unbedingt notwendig, wenn gekrümmte Flächen durch andere begrenzt oder un-
terbrochen werden sowie größere Krümmungsdifferenzen innerhalb
einer Fläche vorkommen, und deshalb Kollisionen zwischen
Werkzeug und Werkstück zu erwarten sind. Die Übergangsbe-
dingung zwischen zwei Flächenstücken lautet auf Stetigkeit

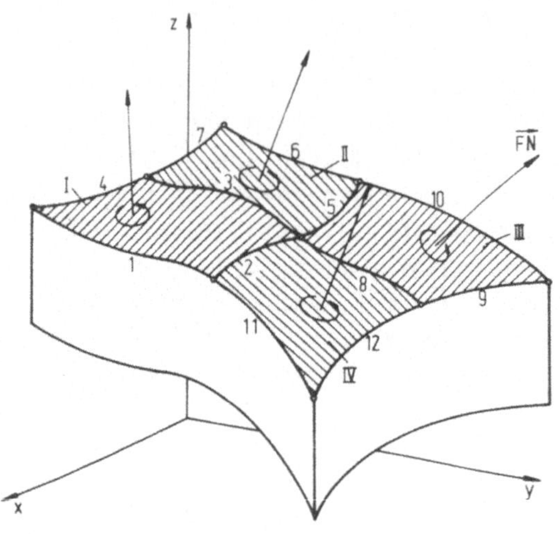

Bild 2.6: Gekrümmte Fläche - in Teil- flächen eingeteilt / 33 /

in der 1. Ableitung. Bild 2.7 zeigt die technologischen und geometrischen Einflußgrößen auf die Flächeneinteilung.

Da bei einem Werkstück aber die Geometrieelemente begrenzt sind und nicht - wie bei APT-like-languages - unbegrenzt, genügt es nicht, nur die gekrümmten Flächen zu betrachten, die zu bearbeiten sind, sondern es sind auch die benachbar- ten Flächen mit in die Untersuchung einzubeziehen. Dies ist deshalb notwendig, weil die begrenzenden Flächen aus Kolli- sionsgründen nicht außer Acht gelassen werden dürfen. Das Werkstückmodell muß also volumenorientiert sein.

Wichtig ist, daß aus dem Volumenmodell wieder die Flächen- gleichungen gewonnen werden können, da sie für die Fräser- wegberechnung benötigt werden. Werkstückmodelle, die nicht

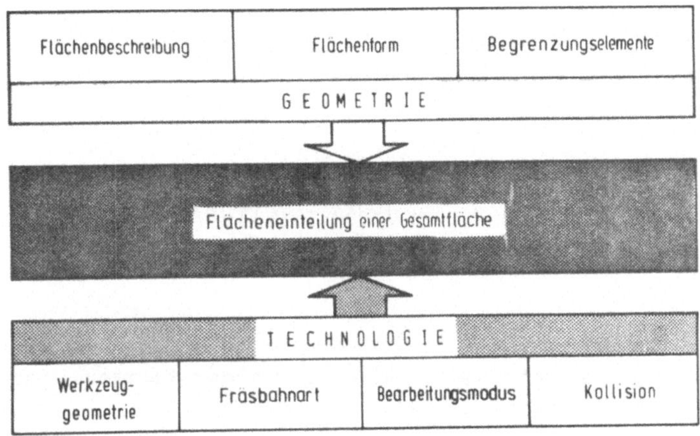

Bild 2.7: Einflußgrößen auf die Flächeneinteilung einer
Gesamtfläche

flächenorientiert sind - wie vielfach in werkstückorientier-
ten CAD-Systemen üblich -, genügen demnach den Anforderungen
nicht.

Programmierung im Dialog

Aufgaben der Arbeitsplanung, wie Festlegen von Arbeitsvor-
gängen und Arbeitsvorgangsfolgen, Bestimmen der bestmöglichen Fräsbahnlagen, Auswahl geeigneter Werkzeuge usw.,
sind nur schwer algorithmierbare Entscheidungen, die wegen der Komplexität der Aufgabenstellung und ihrer Lösungs-
möglichkeiten kaum dem Rechner übertragen werden können.
Für Probleme dieser Art bietet sich deshalb der Dialog
zwischen Mensch und Rechner an, indem der Rechner Routine-
tätigkeiten, wie Berechnung der Fräserpositionsdaten, Datenhandhabung und -verwaltung übernimmt, der Mensch hingegen Aufgaben ausführt, die stark von heuristischen Tätigkeiten durchdrungen sind / 34 /.

Wichtig im Sinne der bereichsüberschreitenden Integration ist die Eingliederung des verbesserten NC-Datenflusses in den technischen Informationsfluß von der Konstruktion bis hin zur Fertigung.

Bild 2.8 faßt alle Anforderungen für ein Programmiersystem zur optimalen fünfachsigen Fräsbearbeitung zusammen. Für eine weitergehende Untersuchung kristallisieren sich drei Bereiche heraus:

- Entwicklung von Algorithmen für die Fräserwegberechnung zerspanungstechnisch günstiger Werkzeuge und Beschreibung optimaler Fräsbahnlagen,
- interaktive Programmierung der Bearbeitungsaufgabe und hier im besonderen Entwicklung einer geeigneten Datenstruktur,
- Einsatz der grafischen Datenverarbeitung zur NC-Programmierung und zur Kontrolle der Ergebnisse,

die in dieser Reihenfolge in den folgenden Kapiteln bearbeitet werden.

Anforderungen an ein Programmiersystem für fünfachsige Fräsbearbeitung

- Flächen- und volumenorientiertes Werkstückmodell (für Fräserwegberechnung, Kollisionskontrolle und grafische Darstellung)
- Einsatz zerspanungstechnisch und geometrisch günstiger Werkzeuge
- Beschreibung optimaler Fräsbahnlagen
- Verlagerung von Postprocessorfunktionen in die Steuerung und von Testfunktionen von der Fertigung in die Arbeitsvorbereitung
- Interaktive, grafische Arbeitsweise
- Kleinrechnerorientiert

Bild 2.8: Gesichtspunkte für die Auslegung eines Systems für fünfachsiges Fräsen

3   Fräserwegberechnung für fünfachsiges Stirnfräsen

Für die Fräserwegberechnung stellt sich die Aufgabe, die
geometrische Werkstückbeschreibung in Werkzeugbewegungen
zur Herstellung dieses Werkstücks umzusetzen.

Abhängig von der Geometrie müssen Schnittaufteilung und
Bahnzerlegung festgelegt werden. Zusammen mit der Kollisionsprüfung ergeben sich daraus Positionen und Achs-
richtungen des Fräsers. Besonders wichtig ist die Vermei-
dung von Kollisionen, die Zerstörungen bzw. Verletzungen
von Werkstück, Werkzeug und/oder Maschine nach sich ziehen können (Bild 3.1), und die Bahnzerlegung, deren Aufgabe in der Optimierung von Lage, Richtung und Anzahl der
Fräsbahnen besteht.

Um diese Aufgaben lösen zu können, sind mehrere Methoden
zur Fräsbahndefinition mit den entsprechenden Algorithmen
zu entwickeln und bereitzustellen.

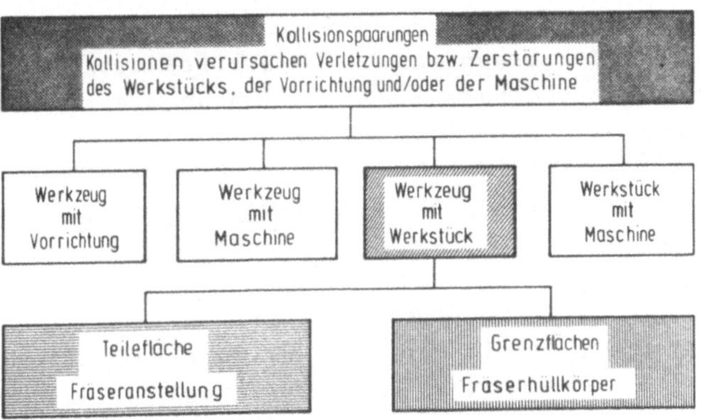

Bild 3.1: Kollisionspaarungen beim Fräsen
        (Die durch Schraffur hervorgehobenen Kollisions-
        paarungen werden ausführlich behandelt)

3.1 Möglichkeiten der Fräsbahndefinition

Die wichtigsten Arten von Fräsbahnen sind Flächenkurven,
Führungs- und Begrenzungskurven und solche, die durch Ver-
knüpfen von Führungs- und Begrenzungsflächen entstehen.
Am bedeutendsten sind beim fünfachsigen Fräsen die Flächenkurven. Führungs- und Begrenzungsflächen spielen dann eine größere Rolle, wenn Flächen zusammenstoßen, da hier
Kollisionsprobleme zu erwarten sind; sie werden deshalb
in Abschnitt 3.5.2 unter dem Aspekt der kollisionsfreien
Fräserführung erörtert.

Da gekrümmte Flächen bearbeitet werden sollen, sind Führungs-
und Begrenzungskurven von untergeordneter Bedeutung, sofern
numerische Flächenbeschreibungen vorliegen. Es werden deshalb
in diesem Kapitel ausschließlich Flächenkurven sowie die Fräserführung entlang gekrümmter Flächen behandelt.

Grundsätzlich sind Fräsbahn und Fräserweg zu unterscheiden.
Die Fräsbahn ist die Bahn des Fräsers auf der Fläche, d.h.
sie besteht aus definierten Flächenpunkten, die das Werkzeug
auf seinem Weg berührt und die theoretisch exakt hergestellt
werden. Den Fräserweg beschreiben die Positionen der Fräserspitze (xyz-Koordinaten) und die Richtungsvektoren (ijk-Kom-
ponenten) der Fräserachse und zwar definiert im Werkstückkoordinatensystem (W-System) / 24 /. Die räumliche Differenz
zwischen den Flächenpunkten der Fräsbahn und den Positionen
der Fräserspitze wird als Fräserversatz bezeichnet.

Eine stetige Werkzeugbewegung muß für die Interpolatoren
der Steuerung, die linear, zirkular oder parabolisch interpolieren - für fünfachsiges Fräsen genügt im verbesserten
NC-Datenfluß die lineare Interpolation / 3 / -, in einen
Polygonzug unterteilt werden, dessen Eckpunkte die Positionen der Werkzeugspitze darstellen / 18 / und deren lineare Verbindung man als 'cutvector' bezeichnet. Den In-

formationsfluß von der Flächenbeschreibung zum Fräserweg
zeigt Bild 3.2.

Die Fräsbahnen sind nach Art und Lage so auszuwählen, daß
durch Optimieren des geometrischen, technologischen und wirtschaftlichen Kriteriums die Vorteile des fünfachsigen Fräsens
völlig zum Tragen kommen. Das geometrische Kriterium bestimmt
die Fräsbahnrichtung, das technologische die Fräserlage relativ zum Werkstück und das wirtschaftliche die Fräsrillentiefe
und damit die Fräsbahnabstände / 2 /. In diesem Zusammenhang
stellen sich dann Fragen nach

- den relevanten Krümmungswerten,
- der Vorgehensweise bei wechselnden Krümmungsverhältnissen,
- der günstigsten Fräsbahnart und
- der optimalen Aufspannlage des Werkstücks,

Numerische Flächenbeschreibung	
Definition einer Flächenkurve (z.B. Parameterlinie)	
Linearisieren (Berechnen von: Flächenpunkten,-nor-malen,-tangenten...)	
Kollisionskontrolle (z.B. Fräserachsrich-tungsvektoren)	
Fräserversatz	

Bild 3.2: Von der Flächenbeschreibung zum Fräserweg

die zu beantworten sich der komplexen Verhältnisse wegen
als sehr schwierig erweist.

Wichtig ist deshalb eine grafische Unterstützung durch
die Darstellung von Werkstückflächen, Werkzeugwegen sowie der Makrogeometrie (Kapitel 5), die als Resultat der
Bewegung eines Fräsers entlang einer definierten Fräsbahn
in vorgegebener Richtung entsteht. Da die Makrogeometrie
aber mathematisch nicht beschrieben werden kann, ist sie
grafisch exakt nicht darstellbar. Eine Näherungslösung
bietet sich über die Beschreibung des Fräsrillenprofils
an, wenn man die Fräsrille - als Element der Makrogeometrie - als Netzfläche abbildet, indem korrespondierende
Punkte gleicher Rillentiefe der Fräsrillenprofile in den
Bearbeitungspunkten die Knoten der Netzfläche bilden
(Bild 3.3). An besonders kritischen Stellen der Fräsbahn
ist die grafische Wiedergabe des Fräsrillenprofils in Nor-
malprojektion geeignet (Bild 3.3, unten), Informationen

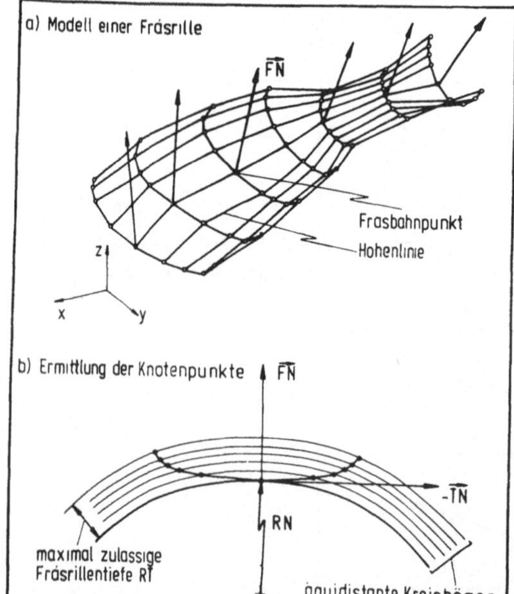

Bild 3.3: Die Fräs-
rille als Netzflä-
che

über die Krümmungsverhältnisse an einzelnen Flächenpunkten
visuell dem Arbeitsvorbereiter nahezubringen. Aufgrund
dieser Eindrücke kann er seine Entscheidung treffen und
sicher sein, die optimale Bahnlage und -richtung ermittelt
zu haben.

Voraussetzung ist eine analytische Beschreibung des Fräsrillenprofils, die sowohl für die grafische Darstellung
als auch für die Fräsbahnabstandsberechnung und Kollisionskontrolle geeignet ist. Diesen Anforderungen genügt die
in / 4 / entwickelte Darstellung nur unvollkommen, weil

- sie das Profil nicht in räumlicher Lage beschreibt,
- nicht allgemeingültig ist,
- nicht in Parameterform vorliegt und damit Einschränkungen hinsichtlich der grafischen Darstellung unterworfen ist.

Deshalb wird im folgenden eine allgemeine Vektordarstellung
des Fräsrillenprofils entwickelt.

3.2   Die allgemeine Vektordarstellung des Fräsrillenprofils

Die Einflußgrößen auf das Fräsrillenprofil zeigt Bild 3.4.
Für eine geschlossene mathematische Darstellung des Fräsrillenprofils wird vorausgesetzt:

- die Leitkurve sei ein ebener Kreisbogen mit dem
  Radius des Normalschnitts einer Fläche in Fräsbahnrichtung,
- die Erzeugende sei die eines zylindrischen Schaftfräsers ohne Eckenradius,
- die Leitfläche für die Führung der Werkzeugachse
  sei eine Ebene, aufgespannt im Bearbeitungspunkt
  durch Flächennormale und Tangente in Fräsbahnrichtung.

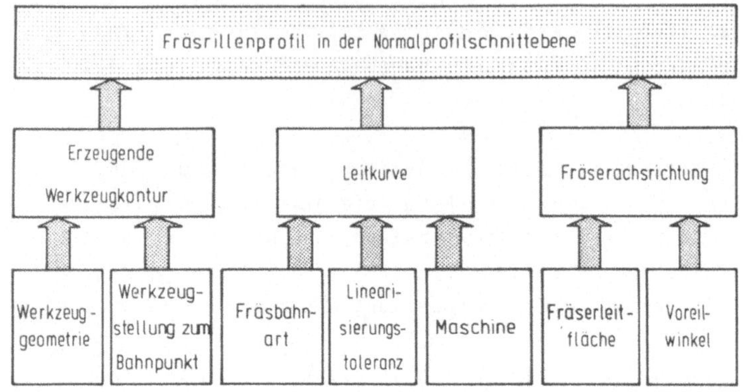

Bild 3.4: Einflußparameter auf das Fräsrillenprofil

Durch kontinuierliche Bewegung der Erzeugenden $\vec{EZ}$ entlang der Leitkurve entsteht eine Schnittkurve mit der Normal-profilschnittebene, die das Fräsrillenprofil beschreibt. Bei einer zulässigen Fräsrillentiefe von einer Größen-ordnung, bei welcher der Fräsermantel keinen Einfluß hat (wegen der Überlagerung mit benachbarten Fräsrillen), läßt sich die Erzeugende gemäß Bild 3.5 in mehrere Fälle unter-scheiden. Der Parameter u sei der Winkel bei der Parameter-darstellung eines Kreises. Der Fräserradius werde mit RF bezeichnet, während RI den Innendurchmesser der ausgedrehten Bohrung beschreibt (Längengrößen werden im Gegensatz zur Norm mit Großbuchstaben bezeichnet, um eine Übereinstimmung mit der Bildschirmdarstellung zu erzielen, s.S. 9). Der Fräserachsversatz μ gibt an, in welchem Bereich des Frä-serradius der Flächenpunkt der Fräsbahn den Fräser berührt. Der Vektor $\vec{Q}$ definiert die Fräserachsrichtung, Basiskoordi-natensystem sind die Vektoren $\vec{V}_1$ und $\vec{V}_2$.

Nach / 4 / erhält man bei der fünfachsigen Fräsbearbeitung

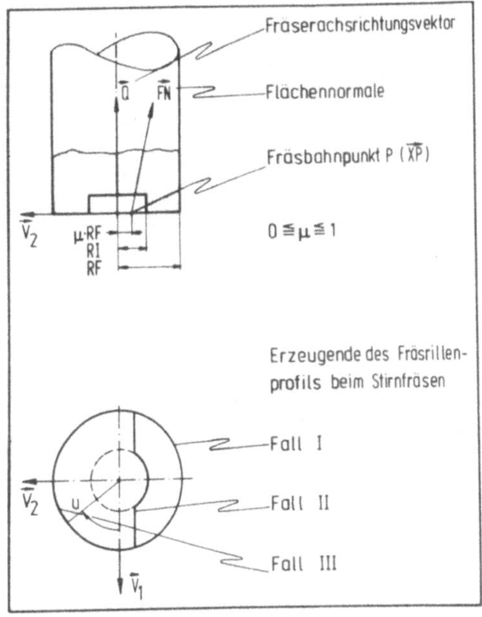

B i l d 3.5: Die das Fräsrillenprofil erzeugende Werkzeugkontur

konvexer Flächen mit kleiner werdendem μ günstiger werdende Fräsrillenprofile, vorausgesetzt, Fräserinnenradius RI und Voreilwinkel ß seien gleich Null, dafür aber ungünstigere Zerspanungsbedingungen. Diese Aussage gilt auch für die Bearbeitung konkaver Flächen, doch wird in diesem Fall grundsätzlich die Solloberfläche verletzt, wenn nicht der Fräser gleichzeitig in Achsrichtung um den Betrag $/RB- \sqrt{RB^2 - RF^2}/$ (mit RB als dem Bahnradius) verschoben werden kann. In diesem Fall entsteht dann nach / 3 / eine exakte Kugeloberfläche, die aber in den seltensten Fällen die gewünschte Geometrie der Oberfläche am besten annähert. Einen guten Kompromiß zwischen optimalen Zerspanungsbedingungen und Fräsrillenprofil bildet der Fräserachsversatz $\mu = 1$ (Bild 3.6), für den die Erzeugende nach Gleichung (3.1) beschrieben wird:

$$\vec{EZ}(u,\beta) = \vec{XP} + RF(\cos u \ \vec{V}_1^{\,o} + (\sin u + 1) \ \vec{V}_2^{\,o}(\beta)). \qquad (3.1)$$

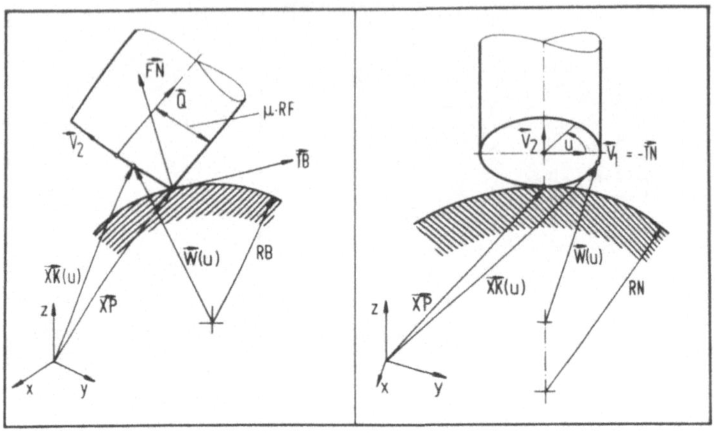

Bild 3.6: Räumliche Lage des Fräsers

Die Gleichung des Fäsrillenprofils lautet:

$$\vec{X}(u,\beta) = \vec{XP} + (kB \sqrt{RF^2 (1 + \sin u)^2 + RB^2 +}$$

$$\overline{+ 2\ RF\ RB\ (1 + \sin u)\ \vec{V}_2^{\circ}(\beta)\cdot\vec{FN}^{\circ}} - RB)\ \vec{FN}^{\circ} +$$

$$+ RF \cos u\ \vec{V}_1^{\circ} \tag{3.2}$$

mit dem Krümmungsparameter kB=1 für konvexe bzw. kB=-1 für konkave Bahnkrümmung.

Angenommen, der Voreilwinkel β ändere sich nach der Funktion

$$\beta = \beta^* - \text{arc } \sin(RF(1 + \sin u)\ \cos\beta^*/RB) \tag{3.3}$$

mit β*=const. als Voreilwinkel für den ersten entstehenden Fräsrillenpunkt bei u=270°, so wird damit das Fräsrillen- profil beim dreiachsigen Fräsen eines Zylinders quer zur Mantellinie beschrieben, wenn in Gleichung (3.2) für den Vektor $\vec{V}_2^{\circ}(\beta)$ Gleichung (3.4) eingesetzt wird (Bild 3.7):

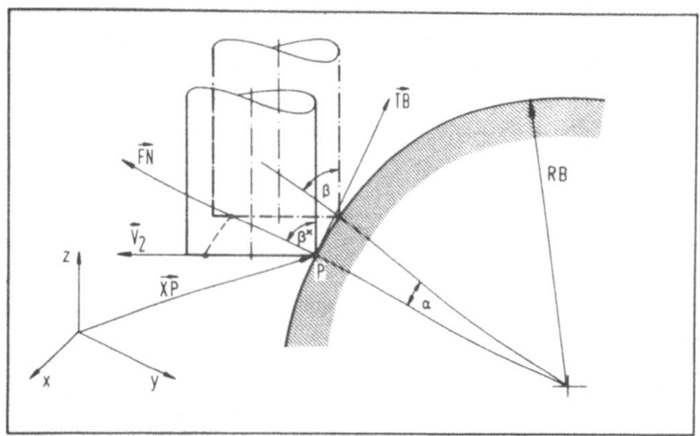

Bild 3.7: Dreiachsiges Fräsen, ein Sonderfall des fünfachsi-
Fräsens

$$\vec{V}_2^{\,o}(\beta) = -\cos(\beta^* - \text{arc}\ \sin(RF(1+\sin\ u)\ \cos\beta^*/RB)\ \vec{TB}^o +$$

$$+\sqrt{1 - \cos^2(\beta^*-\text{arc}\ \sin(RF(1+\sin\ u)\ \cos\beta^*/RB)}\ \vec{FN}^o. \quad (3.4)$$

Wird dasselbe Flächenstück mit einem konstanten Voreilwinkel $\beta = \beta^* = $ const. bearbeitet, so folgt:

$$\vec{V}_2^{\,o} = -\cos\beta\ \vec{TB}^o + \sin\beta\ \vec{FN}^o \quad \text{bzw.}$$

$$\vec{V}_2^{\,o} = \vec{V}_1^{\,o} \times \vec{Q}^o = (\vec{TB}^o \times \vec{FN}^o) \times \vec{Q}^o.$$

Damit beschreibt Gleichung (3.2) mit

$$\vec{V}_2^{\,o} \cdot \vec{FN}^o = \cos(90^o - \beta) = \text{const.}$$

das Fräsrillenprofil beim fünfachsigen Fräsen, da die Lage
der Fräserachse relativ zum Werkstückkoordinatensystem sich
verändert, bezüglich der Werkstückoberfläche aber immer die
optimale Lage einnehmen kann. Gleichung (3.2) ist damit die

- 36 -

allgemeine Vektordarstellung des Fräsrillenprofils.

Für das Beispiel Bahnkrümmungsradius $RB \rightarrow \infty$ und Voreilwinkel $\beta = 0^0$ liefert Gleichung (3.2) die Beziehung:

$$\lim_{RB \rightarrow \infty} \vec{X}(u) = \vec{XP} + RF \cos u \, \vec{V_1^0}, \qquad 180^0 \leqq u \leqq 360^0.$$

Sie bezeichnet eine Strecke der Länge $2 \cdot RF$ und gibt damit exakt das Fräsrillenprofil bei der Bearbeitung einer Ebene wieder.

Damit konnte gezeigt werden, daß - unter bestimmten Einschränkungen - die Gleichung (3.2) die allgemeine vektorielle Beschreibung des Fräsrillenprofils darstellt. Sie wird die Grundlage sein für die Fräsbahnabstandsberechnung, die Kollisionsberechnung zwischen Sollfläche und Fräsrille sowie die grafische Darstellung von Fräsrillenprofil und Fräsrille.

3.3 Flächenkurven als Fräsbahnen

Gemäß Abschnitt 3.1 (Bild 3.4) sind Fräsbahnen linearisierte Raumkurven, aus denen, verknüpft mit der Fräserversatzberechnung, die Fräserwege, d.h. die Positionen der Fräserspitze und die Richtungsvektoren der Fräserachse, ermittelt werden. Voraussetzung ist eine Flächenbeschreibung, auf deren Basis Flächenpunkte und -normalen sowie für die Fräsrillenprofilberechnung und die Fräsbahnabstandsberechnung Flächentangenten ($\vec{TB}$ = Tangente in Bahnrichtung, $\vec{TN}$ = Tangente normal zur Bahnrichtung) und die Flächenkrümmungsradien (RB und RN) berechnet werden können.

Die differentialgeometrischen Grundlagen sind aus der Literatur bekannt / 29, 35 /, so daß sie für die nachfolgenden Ausführungen, soweit sie von Bedeutung sind, nur kurz zusammengestellt werden.

3.3.1 Differentialgeometrische Grundlagen zur Berechnung von Flächennormalen, -tangenten und -krümmungen

Ausgehend von der Vektordarstellung der Fläche $\vec{R} = \vec{R}(u,v)$ ergeben sich die wichtigsten Grundformen nach den Bildern 3.8 und 3.9. Die Flächennormale entsteht aus dem Kreuzprodukt der Tangentenvektoren $\vec{R}_u$ und $\vec{R}_v$ an die Parameterlinien im betrachteten Flächenpunkt:

$$\vec{FN}^\circ = (\vec{R}_u \times \vec{R}_v)/ \sqrt{(E\,G - F^2)} \, , \qquad\qquad (3.5)$$

ein allgemeiner Tangentenvektor aus einer Linearkombination

$$\frac{d\vec{R}}{dt} = \vec{R}_u \cdot \frac{du}{dt} + \vec{R}_v \cdot \frac{dv}{dt} \, . \qquad\qquad (3.6)$$

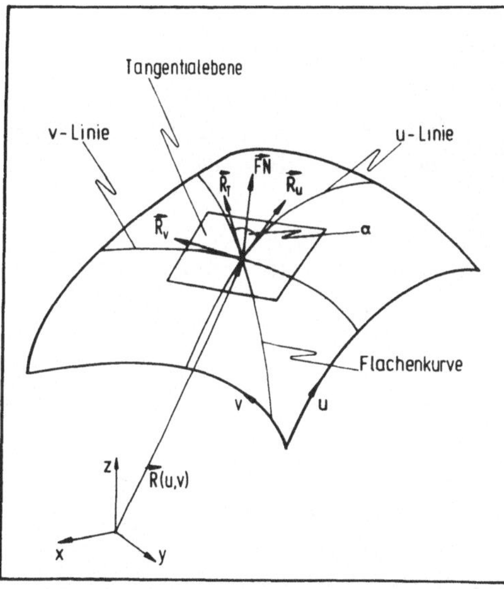

Linienelement der Fläche

$ds^2 = E\,du^2 + 2F\,du\,dv + G\,dv^2$
    erste quadratische Fundamentalform
mit
$E = \vec{R}_u^2$, $\quad F = \vec{R}_u\vec{R}_v$, $\quad G = \vec{R}_v^2$
wobei
$\vec{R}_u = \dfrac{\partial\vec{R}}{\partial u}$, $\quad \vec{R}_v = \dfrac{\partial\vec{R}}{\partial v}$

zweite quadratische Fundamentalform

$(LN - M^2)R^2 - (EN - 2FM + GL)R + (EG - F^2) = 0$

$(GM - FN)\left(\dfrac{dv}{du}\right)^2 + (GL - EN)\left(\dfrac{dv}{du}\right) + (FL - EM) = 0$

mit
$L = \vec{R}_{uu}\vec{FN}^\circ$, $\quad M = \vec{R}_{uv}\vec{FN}^\circ$, $\quad N = \vec{R}_{vv}\vec{FN}^\circ$
wobei
$\vec{R}_{uu} = \dfrac{\partial^2\vec{R}}{\partial u^2}$, $\quad \vec{R}_{uv} = \dfrac{\partial^2\vec{R}}{\partial u\,\partial v}$, $\quad \vec{R}_{vv} = \dfrac{\partial^2\vec{R}}{\partial v^2}$

Bild 3.8: Flächennormale und Tangenten

Bild 3.9: Fundamentalgrößen

Für den vorliegenden Anwendungsfall werden die Krümmungen der Normalschnitte in den betrachteten Flächenpunkten benötigt:

$$\frac{1}{R} = \frac{L\,du^2 + 2\,M\,du\,dv + N\,dv^2}{E\,du^2 + 2\,F\,du\,dv + G\,dv^2} \qquad (3.7)$$

mit R als dem Krümmungsradius des Normalschnitts und (L, M, N, E, F, G) als den Fundamentalgrößen I. und II. Art. Die Differentiale du und dv legen die Tangentenrichtung der Normalschnittebene fest.

Sei nun der Krümmungsradius in einer beliebigen Tangentenrichtung $\vec{R}_T(du^*,dv^*)$ gesucht, so müssen zunächst die Differentiale du^* und dv^* bestimmt werden. Ansatz hierfür ist die Berechnung des Winkels α zwischen zwei Kurven, d.h. ihren Tangenten, die sich in einem Punkt schneiden und in diesem Punkt die Richtungen $\vec{dR}(du,dv)$ und $\vec{dR}'(du',dv')$ haben. Es gilt die Beziehung:

$$\cos\alpha = \vec{dR}^\circ\,\vec{dR}'^\circ =$$

$$= \frac{E\,du\,du' + F(du\,dv' + dv\,du') + G\,dv\,dv'}{\sqrt{E\,du^2 + 2F\,du\,dv + G\,dv^2}\;\sqrt{E\,du'^2 + 2F\,du'\,dv' + G\,dv'^2}} \cdot \qquad (3.8)$$

Angewandt auf die Vektoren $\vec{R}_T$, $\vec{R}_u$ und $\vec{R}_v$ und die Winkel zwischen ihnen liefert Gleichung (3.8) für das Verhältnis dv^*/du^*

$$\frac{dv^*}{du^*} = \frac{E\,\vec{R}_T^\circ\,\vec{R}_v - F\,\vec{R}_T^\circ\,\vec{R}_v}{G\,\vec{R}_T^\circ\,\vec{R}_u - F\,\vec{R}_T^\circ\,\vec{R}_v} \cdot \qquad (3.9)$$

Formt man Gleichung (3.7) etwas um und setzt Gleichung (3.9) ein, so folgt für den Krümmungsradius in der Tangentenrichtung

$$R = \frac{E + 2F(dv^*/du^*) + G(dv^*/du^*)^2}{L + 2M(dv^*/du^*) + N(dv^*/du^*)^2} \cdot \qquad (3.10)$$

Für den Fall, daß du*=0 ist, wird in Gleichung (3.9) das reziproke Verhältnis du*/dv* gebildet und in die entsprechend anders umgeformte Gleichung (3.7) eingesetzt.

Hiermit sind die Grundlagen für die weiteren Untersuchungen bereitgestellt. Sie werden benötigt für die Ermittlung der Fräsbahn- und Fräserwegdaten. Sie gelten für jede Flächenkurve und sind für die Berechnung jeder einzelnen Fräserposition notwendig.

3.3.2 Flächenkurven, -tangenten und -krümmungen

Die wichtigsten Flächenkurven für die Fräsbahnberechnung sind Parameterkurven, die Schnittkurven mit Ebenen und - mit Abstrichen - die Schnittkurven mit Zylindern.

Für alle Flächenkurven gilt für die Flächennormale in einem Kurvenpunkt Gleichung (3.5), während sich die Tangenten $\vec{TN}$ normal zur Fräsbahnrichtung aus dem Kreuzprodukt von Flächennormale $\vec{FN}$ und Bahntangente $\vec{TB}$ ableitet:

$$\vec{TN} = \vec{FN} \times \vec{TB} . \tag{3.11}$$

Die Bahntangente im Flächenpunkt und der Flächenpunkt selbst ergeben sich in Abhängigkeit von der Art der Fräsbahn.

Parameterkurven

Ausgehend von der vektoriellen Flächenbeschreibung $\vec{R}(u,v)$ entstehen Parameterlinien durch Variation eines Parameters, während der andere fest bleibt. Angewandt auf die Coonssche Flächenbeschreibung mit bikubischen Polynomen in u und v wird die Parameterkurve nach Gleichung (3.12) beschrieben:

$$\vec{R}(p) = \vec{A}_3 \, p^3 + \vec{A}_2 \, p^2 + \vec{A}_1 \, p + \vec{A}_0, \; 0 \leqq p \leqq 1 \tag{3.12}$$

mit p=u für u-Linien bzw. p=v für v-Linien. Da Parameterlinien eine Sonderstellung einnehmen, ergeben sich für die
Tangenten und Krümmungsradien vereinfachte Gleichungen
nach Bild (3.10).

Nicht in jedem Fall aber sind die Parameterlinien für die
Fräsbahnberechnung am besten geeignet. Bei besonderen Flä-
chenformen (z.B. Dreiecksflächen) und Flächenbegrenzungen
kann u.U. eine ebene Fräsbahn vorteilhafter sein.

Ebener Schnitt als Fräsbahn

Während sich eine Parameterlinie noch geschlossen darstellen
läßt, ist die Schnittkurve einer gekrümmten Fläche mit einer
Ebene nur punktweise berechenbar. Da aber die Steuerung sowie-
so nur diskrete Fräserpositionsdaten verarbeitet, genügt die
Annäherung durch Schnittpunkte, zu deren Berechnung es zwei
Methoden gibt / 27 /:

- Schnitt der Ebene mit Parameterkurven oder
- Schnitt der gekrümmten Fläche mit einer in der Ebene
  liegenden Geradenschar.

	u-Linien	v-Linien
Bahntangente $\vec{TB}$	$\vec{R}_U$	$\vec{R}_V$
Normaltangente $\vec{TN}$	$\vec{FN} \times \vec{R}_U$	$\vec{FN} \times \vec{R}_V$
Bahnradius RB	$\dfrac{E}{L}$	$\dfrac{G}{N}$
Normalradius RN	$\dfrac{G \cdot E^2 - E \cdot F^2}{L \cdot F^2 - 2M \cdot E \cdot F + N \cdot E^2}$	$\dfrac{E \cdot G^2 - G \cdot F^2}{L \cdot G^2 - 2M \cdot G \cdot F + N \cdot F^2}$
E, F, G, L, M, N ... Fundamentalgrößen (vgl. Bild 3.9)		

Bild 3.10: Tangenten und Radien bei Parameterkurven

Die zweite Methode weist den Nachteil auf, daß die Berechnung
der Gaußschen Koordinaten u und v des Schnittpunktes ein
Iterationsverfahren zur Lösung eines nichtlinearen Gleichungssystems für drei Unbekannte erfordert. Zudem kann die Lage
der Schnittgeraden in der Schnittebene willkürlich gewählt
werden und deshalb auch ungünstig liegen. Das erstgenannte
Verfahren zeichnet sich hingegen dadurch aus, daß ein Parameter - entweder u oder v - bereits bekannt ist, der andere
als Wurzel einer kubischen Gleichung vergleichsweise einfach
berechnet werden kann / 35 /. Bild 3.11 zeigt die Gleichung
eines Schnittpunktes, für den die Wurzeln der Gleichung reell
sein und im Intervall $\angle 0,1 \underline{/}$ liegen müssen.

Die Entscheidung, mit welcher Parameterlinienschar geschnit-
ten werden soll, läßt sich mit Hilfe eines einfachen Krite-
riums treffen: Ist die Bedingung $/\Delta v/ \gtreqqless /\Delta u/$ erfüllt (siehe
Bild 3.11), so sind es u-, im andern Fall v-Linien. Aus dem
Kreuzprodukt der beiden Flächennormalenvektoren ergibt sich

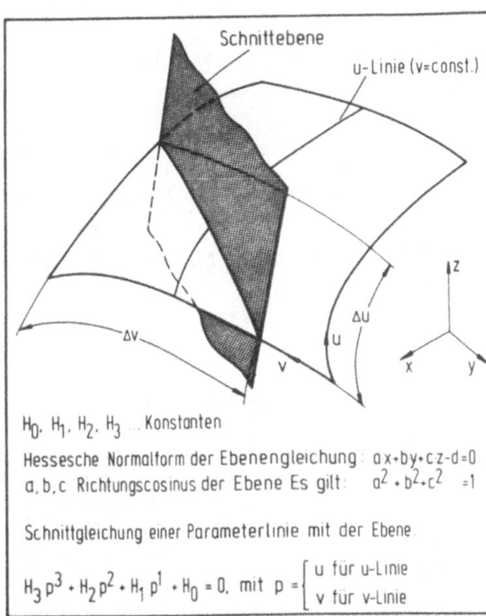

Bild 3.11: Schnitt einer Ebene mit einer gekrümmten Fläche

die Tangente in Bahnrichtung zu

$$\vec{TB} = \pm\, \vec{FN} \times \begin{bmatrix} a \\ b \\ c \end{bmatrix}. \qquad\qquad (3.13)$$

Das Vorzeichen richtet sich danach, in welche Richtung der Schnittlinie gefräst werden soll. Die Tangente normal zur Bahnrichtung wird gemäß Gleichung (3.11) berechnet. Durch Einsetzen von Gleichung (3.14) bzw. (3.15) in Gleichung (3.10) lassen sich Bahn- und Normalradius bestimmen:

$$\frac{dv^*}{du^*} = \frac{E\,\vec{TB}\cdot\vec{R}_v - F\,\vec{TB}\cdot\vec{R}_u}{G\,\vec{TB}\cdot\vec{R}_u - F\,\vec{TB}\cdot\vec{R}_v} \quad \text{für RB} \qquad\qquad (3.14)$$

$$\frac{dv^*}{du^*} = \frac{E\,\vec{TN}\cdot\vec{R}_v - F\,\vec{TN}\cdot\vec{R}_u}{G\,\vec{TN}\cdot\vec{R}_u - F\,\vec{TN}\cdot\vec{R}_v} \quad \text{für RN.} \qquad\qquad (3.15)$$

Die Fälle: $du^*=0$ bzw. $dv^*=0$ bedeuten Radius entlang einer Parameterlinie und werden in Bild 3.10 behandelt.

Von geringerer Bedeutung als die bisher genannten Flächen-kurven ist die Schnittkurve zwischen einer gekrümmten Fläche und einem Zylinder. Der Vollständigkeit halber und weil aus besonderen geometrischen und bearbeitungstechnischen Gründen eventuell notwendig, soll diese Fräsbahnart kurz ausgeführt werden.

Schnittkurven von Zylindern mit gekrümmten Flächen

Der Zylinder sei in Parameterform gegeben (Bild 3.12), die Parameter seien mit $\bar{u}$ und $\bar{v}$ bezeichnet. Die Schnittkurve ist wiederum nur punktweise berechenbar. Statt die Zylinderflä-che mit Parameterlinien zum Schnitt zu bringen, ist es in die-sem Fall günstiger, die gekrümmte Fläche mit Zylindererzeu-

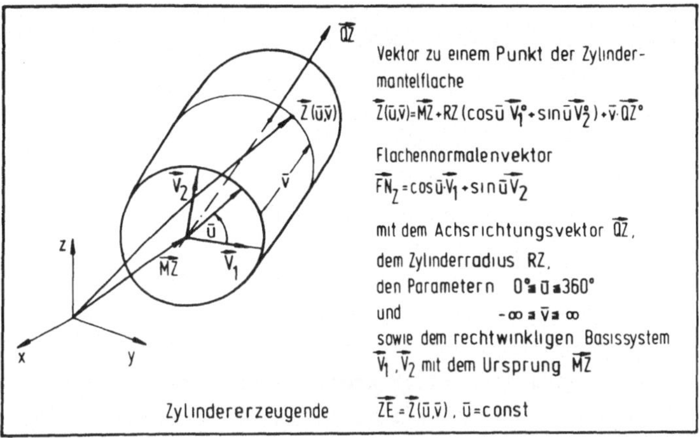

Bild 3.12: Parameterdarstellung eines Zylinders

genden zu schneiden. Die Berechnung von Tangenten und Krümmungsradien lassen sich zurückführen auf die bei ebenen Schnitten, wobei der Flächennormalenvektor der Schnittebene durch den des Zylinders (Bild 3.12) zu ersetzen ist.

Die in diesem Abschnitt abgeleiteten Beziehungen gelten jeweils für einen Fräsbahnpunkt. Für die Steuerung müssen nun die Fräsbahnen durch Polygonzüge angenähert werden, deren Eckpunkte die Berührpunkte zwischen Fräser und Fläche sind. Diese Eckpunkte sollen an Zahl möglichst gering sein, damit die Menge der Steuerdaten nicht zu groß wird, andererseits aber auch so angeordnet sein, daß die Genauigkeit nicht beeinträchtigt wird.

3.3.3 Linearisierung von Flächenkurven

Wie bekannt, verarbeiten die Interpolatoren der Steuerung Stützpunkte, zwischen denen sie beim fünfachsigen Fräsen linear oder parabolisch interpolieren. Die Verbindungsgera-

de zweier benachbarter Stützpunkte soll vollständig innerhalb eines Toleranzschlauches liegen. Die Aufgabe besteht
darin, ausgehend von einem gegebenen Stützpunkt den nächsten zu berechnen. Für die direkte Ermittlung (Bild 3.13a)
müßte eine Extremwertberechnung durchgeführt werden, was
bei der gewählten Flächenbeschreibung und z.B. einer Parameterkurve als Fräsbahn für den gesuchten Parameter u bzw.
v auf eine Gleichung höheren Grades führte, deren Lösung
einen nicht vertretbaren Rechenaufwand bedeutete / 36 /.

Bild 3.13b zeigt das Prinzip des Aussiebens, wonach zunächst nach einer empirisch ermittelten Formel / 36, 37 /
eine bestimmte Anzahl von Stützpunkten berechnet wird.
Die Anzahl der Punkte ist eine Funktion von maximaler Kur-
venkrümmung, Kurvenlänge und Linearisierungstoleranz. Ausgehend vom Punkt P_1 wird dieser mit P_{1+j} verbunden und abgeprüft, ob die Abstände der dazwischen liegenden Punkte
(P_{1+n}, n=1...j-1) zur Verbindungsgeraden $\overline{P_1 P_{1+j}}$ kleiner
oder gleich der Linearisierungstoleranz sind. Gilt diese
Aussage für jeden der Punkte P_{1+n}, wird j um 1 erhöht und
der Algorithmus beginnt von vorn, bis die Linearisierungs-

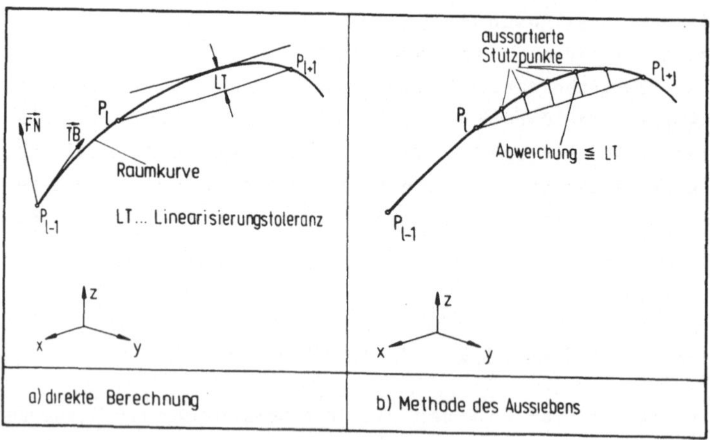

Bild 3.13: Fräsbahnlinearisierung

toleranz mindestens einmal überschritten wird. Der Punkt
P_{1+j-1} stellt sodann den nächsten Fräsbahnpunkt dar und wird
in der Fräsbahntabelle mit dem Index '1+1' versehen. Überschreitet einer der Abstände schon zu Anfang die Toleranz,
wird j so oft um 1 erniedrigt, bis alle Punkte im Toleranz-
schlauch liegen, oder nur mehr drei Zwischenpunkte vorhanden
sind und eine ausreichende Genauigkeit nicht mehr gewährleistet ist. In diesem Fall werden zwischen P_1 und P_{1+1} drei zusätzliche Zwischenpunkte interpoliert und der Algorithmus
neu angestoßen.

Verknüpft man das in / 38 / beschriebene Verfahren, das auf
der lokalen Flächenkrümmung basiert (Bild 3.14), mit obigem,
so entsteht hinsichtlich des Rechenaufwandes ein verbesser-
tes Verfahren: Weil nicht mit dem minimalen Krümmungsradius, sondern dem jeweils aktuellen des letzten Bahnpunktes,
nicht mit einer vorgegebenen Punktmenge, sondern einer maximal zulässigen Schrittweite gearbeitet wird. Da die Toleranz LT gegenüber dem Bahnradius vernachlässigbar klein ist
und die Schrittweite auf das uv-Koordinatensystem bezogen
werden muß, ergibt sich somit für die Schrittweite:

$$S_{uv}' = (\sqrt{8 \ LT \ /RB/} \ ) \ / \ RL$$

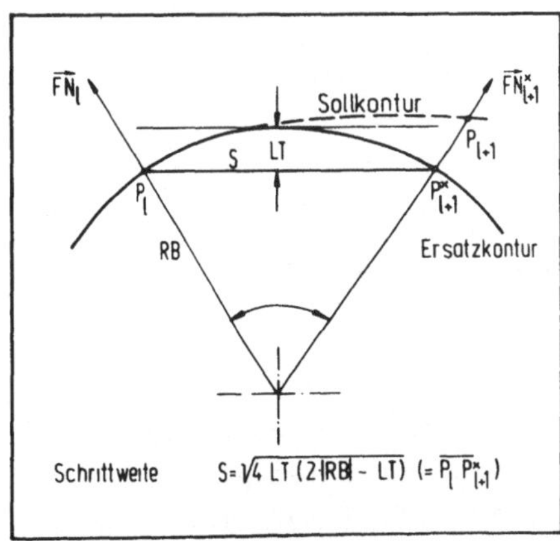

Bild 3.14: Schritt-
weitenberechnung

mit RL als der ungefähren Fräsbahnlänge. Da aber auch diese
Schrittweite nur näherungsweise gültig ist, wird sie in
mehrere Intervalle, i.a. reichen vier, eingeteilt:

$$S_{uv} = (\sqrt{8 \; LT \; /RB/}) \; /(4 \; RL). \qquad (3.16)$$

Entsprechend dieser Schrittweite werden dann Punkte auf der
Fräsbahn berechnet und gegenüber der Verbindungsgeraden -
wie oben beschrieben - abgeprüft.

Nach den grundsätzlichen Untersuchungen zur Berechnung eines Fräsbahnpunktes und den zugehörigen Tangenten und Krümmungen sowie zur Fräsbahnlinearisierung, erhebt sich jetzt
die Frage nach der automatischen Fräserwegberechnung für
ganze Flächenbereiche.

3.4 Automatische Fräsbahnberechnung für Flächenbereiche

Für die Berechnung der Fräsbahnen zur automatischen Bearbeitung ganzer Flächenbereiche ist die relative Lage der
Fräsbahnen untereinander, d.h. ihrer Abstände, von beson-
derer Bedeutung, da bei vorgegebener Fräsrillentiefe die
Anzahl der Fräsbahnen zu minimieren ist. Für diese Aufgabe
wurde das in / 4 / entwickelte Verfahren der 'direkten Berechnung' auf die allgemeine Vektordarstellung des Fräsrillenprofils angewandt.

3.4.1 Fräsbahnabstandsberechnung auf der Grundlage der Vektordarstellung des Fräsrillenprofils

Voraussetzung für die direkte Berechnung ist die Annäherung
der Sollkontur der Werstückfläche in der Normalprofilschnittebene durch einen Kreisbogen mit dem Normalradius RN
und die zulässige Fräsrillentiefe durch einen parallelen
Kreisbogen mit einem um die Rillentiefe RT veränderten Radius (Bild 3.15).

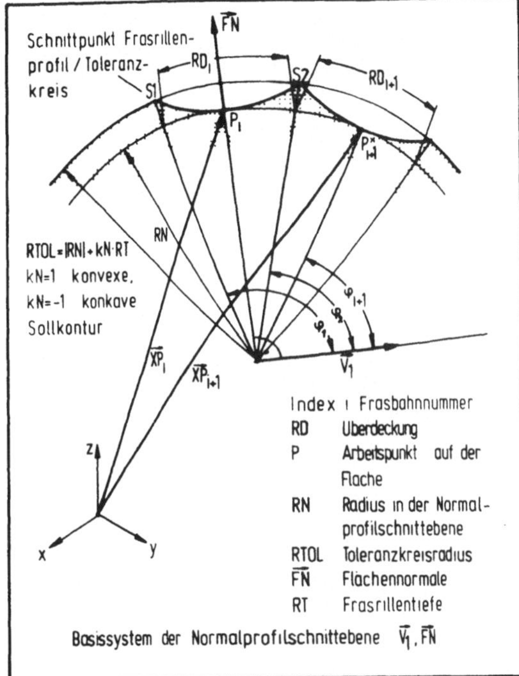

Bild 3.15: Direkte Fräsbahnabstandsberechnung

Über den Schnitt des Fräsrillenprofils (Gleichung (3.2)) mit dem Toleranzkreis läßt sich ein Fräsbahnpunkt der in etwa parallel verlaufenden, gesuchten Fräsbahn ermitteln. Für den Toleranzkreis gilt:

$$\overrightarrow{XTOL}(\varphi) = \overrightarrow{XP} + (RTOL\ \sin\varphi - RN)\overrightarrow{FN}^{\circ} + RTOL\ \cos\varphi\ \overrightarrow{V_1^{\circ}}.$$

Aus der Schnittbedingung folgt:

$$u_{1,2} = \arcsin\left((-C_1 \pm \sqrt{C_1^2 - 4C_0 C_2})/(2C_2) - 1\right)\ , \qquad (3.17)$$

wobei das Argument der Funktion arc sin im Intervall $[-1,1]$ liegen muß. Im allgemeinen bedeutet kein vorhandener Schnittpunkt optimale Überdeckung, d.h. der Fräser schneidet über seine ganze Breite.

Für die Substitutionen C_0 bis C_2 gilt:

$$C_0 = A_1^2 RB^2 - A_2^2/4$$

$$C_1 = RF(2A_1^2 RB^2 \vec{V_2^o} \vec{FN}^o + A_2 A_3)$$

$$C_2 = RF^2(A_1^2 - A_3^2)$$

und für A_1 bis A_3:

$$A_1 = RN - RB$$

$$A_2 = RTOL^2 - A_1^2 - RB^2$$

$$A_3 = RF + RB \, \vec{V_2^o} \, \vec{FN}^o$$

Aus den Wurzeln u_1 und u_2 ist diejenige auszuwählen, die die kleinste Überdeckung bedeutet. Der entsprechende Winkel φ ergibt sich zu

$$\varphi_c = \text{arc cos } ((RF/RTOL) \cos u),$$

mit dessen Hilfe der benachbarte Fräsbahnpunkt P_{i+1} durch die Beziehung

$$\vec{XP}^*_{i+1} = \vec{XP}_i + (RTOL \sin \varphi_{i+1} - RN)\vec{FN}^o + RTOL \cos \varphi_{i+1} \vec{V_1^o} \qquad (3.18)$$

gewonnen wird, wenn für φ_{i+1} gilt:

$$\varphi_{i+1} = \begin{cases} kN(2 \, \varphi_c - 90^0), & \text{Abstandsberechnung links,} \\ kN(270^0 - 2 \, \varphi_c), & \text{Abstandsberechnung rechts} \\ & \text{der Fräsbahn.} \end{cases}$$

Der ermittelte Punkt P^*_{i+1} ist dann anschließend in die Parameterdarstellung der Fläche zu transformieren ($P^*_{i+1} \longrightarrow P_{i+1}$).

3.4.2 Korrektur der direkten Berechnung

Wegen den vereinfachenden Annahmen:

- gleiche Krümmungsverhältnisse in den benachbarten
  Fräsbahnpunkten P_i und P_{i+1},
- Beschreibung der Soll- und Toleranzkontur durch Kreis-
  bögen,
- Parallelität benachbarter Fräsbahnen,

bietet die direkte Abstandsberechnung keine ausreichende
Sicherheit für die Einhaltung der zulässigen Fräsrillentiefe.

Deshalb können die Fräsbahnabstände nur iterativ ermittelt
werden, indem vom gewonnenen Punkt P_{i+1} der Fräsbahnab-

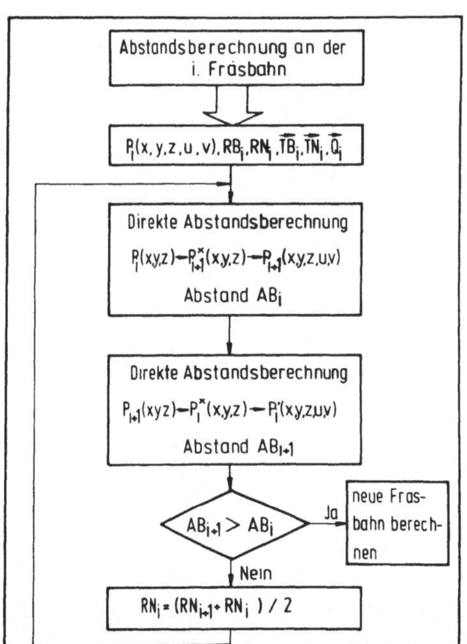

Bild 3.16: Korrek-
tur des Fräsbahnab-
standes

stand in Richtung P_i nach der direkten Methode berechnet
und abgeprüft wird, ob dieser Abstand größer als der von
P_i nach P_{i+1} ist. Ist er kleiner, wird der Normalradius im
betrachteten Bahnpunkt P_i ersetzt durch

$$RN_i \longleftarrow (RN_i + RN_{i+1}) / 2$$

und eine neue Abstandsberechnung vom Punkt P_i aus gestartet.

Nachdem das 'Wie' der Fräsbahnabstandsberechnung geklärt
ist, taucht jetzt die Frage nach dem 'Wo' auf: d.h. an welcher
Fräsbahnposition sie anzusetzen und welches das Kriterium
dafür ist.

Für den Fräsbahnabstand gilt, daß bei Parameterkurven die
Parameterdifferenz ($\Delta u = /u_i - u_{i+1}/$ bei u-Linien bzw.
$\Delta v = /v_i - v_{i+1}/$ bei v-Linien), bei parallelen Schnittkurven der senkrechte Abstand ihrer Schnittflächen zuein-
ander maßgebend ist. Gesucht ist der Fräsbahnpunkt, bei
dem sich der geringste Fräsbahnabstand ergibt, da dann die
Fräsrillentiefe entlang der Fräsbahn garantiert innerhalb
der Toleranz liegt.

Eine einfache Beziehung zur Identifikation dieses gesuchten
Fräsbahnpunktes kann es jedoch nicht geben, weil sich auch
der Fräsbahnabstand nur iterativ berechnen läßt, also aus
den vorliegenden Fräsbahndaten nicht auf die benachbarte
Fräsbahn geschlossen werden kann. Notwendigerweise muß deshalb in jedem der Fräsbahnpunkte der zugehörige Fräsbahnabstand berechnet werden, um eine gesicherte Aussage über die
erreichbare Fräsbahnbreite machen zu können.

3.4.3 Fräsbahnberechnung über mehrere Teilflächen

Wenn eine Gesamtfläche der in Abschnitt 2.3 genannten Grün-
de wegen durch mehrere Teilflächen beschrieben werden muß,

so besteht für die Organisation der Fräsbahnberechnung die
Aufgabe der Bereitstellung der jeweils aktuellen Flächengleichung. An die Werkstückbeschreibung werden deshalb unter
dem Gesichtspunkt der möglichst einfachen Organisation fol-
gende Forderungen gestellt:

- identische   Kanten benachbarter Teilflächen;
- gleiche Orientierung der uv-Koordiantensysteme
  der einzelnen Teilflächen;
- Aufbau der Werkstückbeschreibung so, daß über die
  Identifikation von Flächenkanten - auch Randkurven
  genannt - die Flächengleichungen gewonnen werden
  können.

Durch identische   Kanten benachbarter Flächen ist nämlich
gewährleistet, daß jeweils nur eine Teilfläche anschließt,
die Zuordnung zwischen beiden Teilflächen also eindeutig
ist. Und wegen der gleichen Orientierung der uv-Koordina-
tensysteme bestehen für die Fräsbahnberechnung dieselben
Voraussetzungen bei der Ermittlung von Flächenpunkten,
-tangenten und -krümmungen in jeder Teilfläche. Zum Beispiel ist die Parameterlinie $u=0,3$ =const. der einen Teilfläche beim Übergang zur anderen Teilfläche ebenfalls
$u=0,3$=const. Schließlich gestattet die Forderung, über
eine Flächenkante die zugehörige Flächengleichung gewin-
nen zu können, auf einfache Weise den Flächenübergang. Dies
ist sowohl für die Fräsbahnlinearisierung als auch für die
Fräsbahnabstandberechnung von Bedeutung.

Als Beispiel diene die Fläche aus Bild 2.6 , deren rechnerinterne Struktur gemäß Bild 3.17 schematisch abgebildet ist.
Die augenblickliche Fräsbahn sei eine u-Linie der Fläche
$\vec{R}_I(u_I,v_I)$, die Richtung durch wachsendes u gekennzeichnet.
Stößt die Fräsbahn an die Randkurve, so ist der Fräsbahnberechnung nur bekannt, daß es sich um eine Parameterlinie
$u_I=1$ handelt. Um hieraus nun den Kantennamen identifizieren
zu können, muß deshalb jeder Kante noch eine zusätzliche

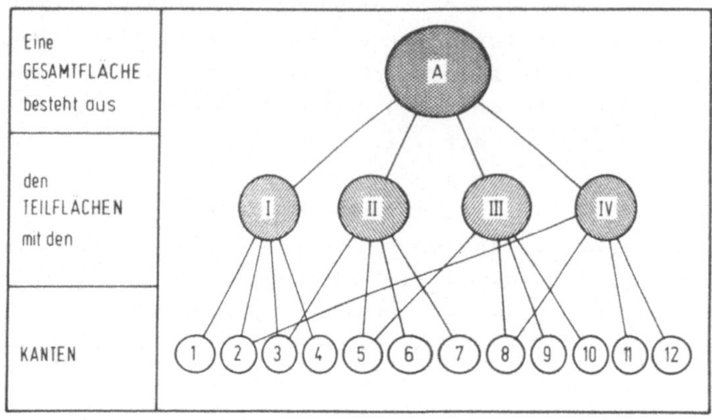

Bild 3.17: Struktur einer in Teilflächen eingeteilten
Gesamtfläche

Kennung zugewiesen werden, aus der sich im Beispiel die
Kante mit der Nummer 2 und daraus entsprechend dem Schema
nach Bild 3.17 die angrenzende Fläche IV ergibt.

Stoßen jetzt aber gekrümmte Flächen ohne glatten Übergang zusammen, so treten in diesem Fall Kollisionsprobleme
zwischen Fräser und Werkstückflächen auf, die meist Ober-
flächenzerstörungen zur Folge haben und deshalb vermieden
werden müssen.

3.5 Kollisionsfreie Fräserführung

Wegen der zusätzlichen Freiheitsgrade gegenüber dem dreiachsigen Fräsen können beim fünfachsigen Fräsen Kollisionen eher vermieden werden, vorausgesetzt, es stehen im
Programmiersystem entsprechende Algorithmen zur Kollisionskontrolle zur Verfügung. Eben diese Algorithmen fehlen
zum Teil in den verfügbaren Programmiersystemen oder sind
nur mangelhaft ausgebildet.

Nach Bild 3.1 wird unterschieden in Kollisionen zwischen
verschiedenen Kollisionspaarungen. Als erstes steht die
Werkzeug/Teilefläche-Kombination zur Diskussion.

3.5.1 Kollision mit der Teilefläche

Ausgangslage ist die Zerstörung der Solloberfläche durch
die Fräsrille. Es gilt deshalb, in den einzelnen Fräsbahnpunkten ein Fräsrillenprofil zu erzeugen, das die Solloberfläche nicht zerstört. Dies ist durch eine definierte
Fräseranstellung relativ zum Fräsbahnpunkt zu erreichen.
Die Aufgabe besteht demnach in der Berechnung der bestmöglichen Fräserachsrichtung: Breite Fräsrille ohne Ver-
letzung der Oberfläche.

Nach / 4 / tritt dann kein Unterschnitt zwischen Fräsrillenprofil und Sollkontur auf, wenn sie sich in nur einem Punkt
berühren. Eine durch Nachschneiden entstehende Beschädigung
der Fräsrille wird vermieden, wenn sich der Voreilwinkel β
als Funktion der Lage vorangegangener Fräsbahnpunkte er-
rechnet. Es wird dort empfohlen, die Bahnradien nicht nach
differentialgeometrischen Gesichtspunkten, sondern aus
drei geeignet liegenden Flächenpunkten zu berechnen. Dies
ist jedoch so leicht nicht möglich, weil sich nicht eindeutig festlegen läßt, was 'geeignete' Flächenpunkte auszeichnet, und weil Fräsbahnpunkte nicht notwendigerweise
in einer gemeinsamen Ebene liegen müssen.

Eindeutiger ist es deshalb, den Voreilwinkel aufgrund dif-
ferentialgeometrisch ermittelter Bahn- und Normalradien
einerseits und des Bahnverlaufs andererseits zu berechnen und den größeren der beiden für die weiteren Berechnungen zu verwenden (Bild 3.18). Nach Bild 3.6 gilt für
den Basisvektor $\vec{V}_2$ die Beziehung $\vec{V}_2 = \vec{Q} \times \vec{V}_1$, mit $\vec{V}_1 = -\vec{TN}$.

Die Position der Fräserspitze ergibt sich sodann aus dem

$\beta_1 = \beta$(lokale Flächenform)

Radien RB	Radien RN	Voreilwinkel
>0	>0	$\beta_1 = 0$
>0	<0	$\beta_1 = \arcsin \frac{RF}{\lvert RN \rvert}$
<0	>0	$\beta_1 = \arcsin \frac{RF}{\lvert RB \rvert}$
<0	<0	$\beta_1 = \arcsin \frac{RF}{\min(\lvert RN \rvert, \lvert RB \rvert)}$

$\beta_2 = \beta$(Fräsbahnverlauf)

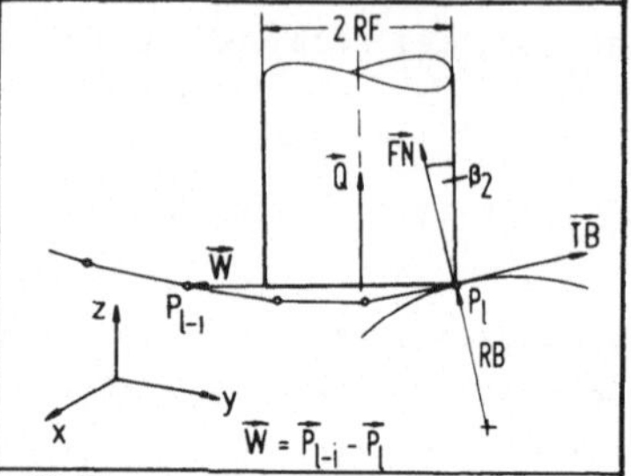

$\vec{FN} \cdot \vec{W} > 0$: $\beta_2 = 90° - \arccos(\vec{FN}° \cdot \vec{W}°)$

$\vec{FN} \cdot \vec{W} \leq 0$: $\beta_2 = 0°$

$\beta = \max(\beta_1, \beta_2)$ $\quad \vec{Q} = \sin\beta \cdot \vec{TB}° + \cos\beta \cdot \vec{FN}°$

Bild 3.18: Berechnen des Fräserachsrichtungsvektors

Vektor $\vec{V}_2$ multipliziert mit dem Fräserradius, vektoriell addiert zum Ortsvektor $\vec{XP}$ des Fräsbahnpunktes P_1. Bei Verwendung eines Fräsers mit Eckenradius RE sind im Bild 3.18 in den Argumenten der Funktion arc sin bei negativem Bahnradius RB sowohl Zähler als auch Nenner um den Betrag von RE zu vermindern. Gleichung (3.19) beschreibt dann die Position der Fräserspitze:

$$\vec{T} = \vec{XP} + (RF - RE(1-\sin\beta))\,\vec{V}_2^{\circ} - RE(1-\cos\beta)\,\vec{Q}^{\circ}. \qquad (3.19)$$

Sind aufgrund dieser Fräserpositionsdaten Kollisionen mit benachbarten Flächen die Folge, so muß je nach Art der Flächen (beliebig gekrümmte Fläche, Regelfläche, ...) das Werkzeug anders geführt oder grundsätzlich ein anderer Fräser eingesetzt werden. Läßt sich das Werkzeug nicht mehr anders führen, weil entweder Teile- oder Grenzfläche verletzt würden, so kann in aller Regel nur mittels Fräsern mit kugeliger Stirn gearbeitet werden, da wegen des kreisförmigen Fräsrillenprofils / 18 / die Fräserachsrichtung beliebig

gerichtet sein kann. Für den Fall, daß RE=RF wird, beschreibt
Gleichung (3.19) die Position der Fräserspitze :

$$\vec{T} = \vec{XP} + RF(\sin\beta \; \vec{V}_2^{\,o} - (1-\cos\beta) \; \vec{Q}^{\,o}).$$

3.5.2 Gekrümmte Flächen als Grenz- und Leitflächen

Leitflächen sind Flächen, an denen der Fräser entlang bewegt wird. Grenzflächen hingegen treten auf, wenn der Fräser
sich frei über eine Werkstückfläche bewegt, im Verlauf der
Bewegung aber mit einer weiteren Fläche kollidiert. Bei diesen Bearbeitungsfällen ist es meist unumgänglich, den mit
technologischen Nachteilen (ungünstige Schnittverhältnisse)
behafteten Kugelkopffräser einzusetzen. Hier bietet das
fünfachsige Fräsen aber den Vorteil, durch Vorgabe eines
Voreilwinkels den Fräser so anzustellen, daß an der Fräserspitze keine Zerspanung erfolgt.

Sowohl bei Grenz- als auch bei Leitflächen besteht das grund-
sätzliche Problem, Berührpunkte zwischen Flächen und Werkzeug zu berechnen. Da beim Zusammenstoß zweier Flächen möglichst bis zur gemeinsamen Kante bearbeitet werden soll,
reduziert sich die Aufgabe zunächst auf die Berührpunktberechnung zwischen Flächen und den durch eine Kugel reprä-
sentierten Fräser.

3.5.2.1 Berührpunktberechnung zwischen Kugel und zwei
gekrümmten Flächen

Bild 3.19 illustriert die gestellte Aufgabe. Neben den Berührpunkten B_I und B_{II} werden für weitere Berechnungen die
Flächennormalen sowie Flächentangenten und -krümmungen benötigt.

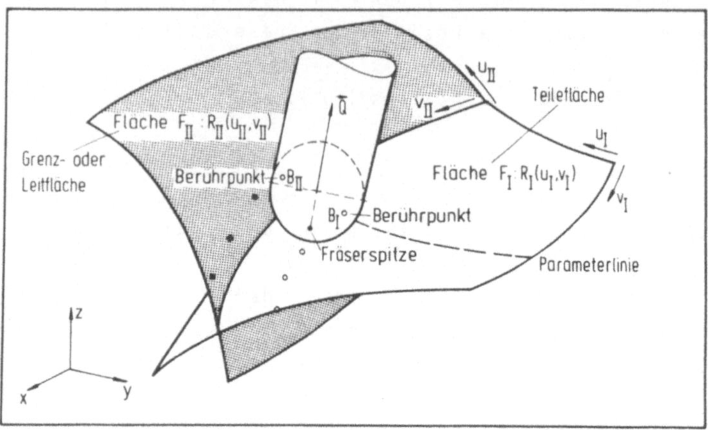

Bild 3.19: Berührpunktberechnung / 39 /

Für die Berührpunktberechnung bieten sich mehrere Ansätze an.
Einer ist der im APT III ARELEM verwandte Algorithmus, iterativ eine Kugel an die Fläche heranzuführen (Bild 3.20). Von
einer ersten Näherung ausgehend - sie ist abhängig vom vor-
hergehenden Fräsbahnpunkt -, wird der Punk B_1' schrittweise verändert, bis Flächen- und Kugelnormalen in ihrer Lage
identisch sind, so daß B_1' zu B_1 wird. Anschließend wird die
Kugel an die Tangentialebenen von B_1 und B_2 herangeführt
(Bild 3.20, rechts) und der Prozeß so lange wiederholt, bis
die Berührpunkte innerhalb eines definierten Toleranzschlauches liegen.

Da diese iterative Methoden sehr schwerfällig sind, wird für
das fünfachsige Fräsen von diesen Verfahren Abstand genommen
und eine direkte Berechnung entwickelt.

Direkte Berührpunktberechnung

Es gilt, falls die Kugel beide Flächen gerade berührt, fol-

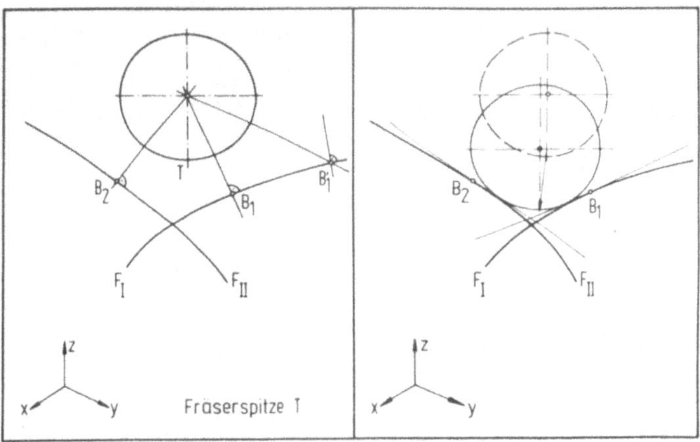

Bild 3.20: Berührpunktberechnung im APT III ARELEM / 38 /

gende Vektorbeziehung:

$$\vec{R}_I(u_I,v_I)+RF\ \vec{FN}^o_I(u_I,v_I) = \vec{R}_{II}(u_{II},v_{II})+RF\ \vec{FN}^o_{II}(u_{II},v_{II}) \quad (3.20),$$

die auf ein nichtlineares Gleichungssystem für die gesuchten Größen u_I, v_I, u_{II} und v_{II} führt. Da vier Unbekannten nur drei Gleichungen gegenüberstehen, ist dieses System unlösbar. Durch Vorgabe eines Parameters (im folgenden u_I = const.) wird die Zahl der Unbekannten auf die der Gleichungen reduziert und das System damit lösbar. Da es sich um ein nichtlineares System handelt, kann für dessen Lösung das Newtonsche Näherungsverfahren für mehrere Veränderliche angesetzt werden.

Die Vorgabe eines Parameters (hier: u=const.) läßt sich damit begründen, daß z.B. entlang einer Parameterlinie gegen eine Grenzfläche gefräst werden soll, oder damit, daß aus der Fräsbahnlinearisierung sich ein Wert ergibt.

Bleibt die Auflösung der Gleichung (3.20), die - für
u_I=const.- etwas umformuliert folgendermaßen lautet:

$$\vec{R}_I(v_I) - \vec{R}_{II}(u_{II},v_{II}) + RF(\vec{FN}_I^\circ(v_I) - \vec{FN}_{II}^\circ(u_{II},v_{II})) = 0 \text{ oder}$$

$$\vec{f}(v_I,u_{II},v_{II}) = 0. \tag{3.21}$$

Wird Gleichung (3.21) nach Taylor entwickelt / 35 / und mit
dem linearen Glied abgebrochen, so gilt nach / 40 /:

$$0 = \vec{f} + (v_{I,k+1}-v_{I,k})\,\frac{\partial\vec{f}}{\partial v_I} + (u_{II,k+1}-u_{II,k})\,\frac{\partial\vec{f}}{\partial u_{II}} +$$

$$+ (v_{II,k+1}-v_{II,k})\,\frac{\partial\vec{f}}{\partial v_{II}}. \tag{3.22}$$

Seien $v_{I,k}$, $u_{II,k}$ und $v_{II,k}$ Lösungen der k.Näherung, $v_{I,k+1}$
$u_{II,k+1}$ und $v_{II,k+1}$ die gesuchten Lösungen der (k+1).Nähe-
rung, so wird Gleichung (3.22) ein lineares Gleichungssystem,
das nach der Cramerschen Regel oder nach der Methode der
sukzessiven Elimination / 41 /, das speziell für die Rechner-
anwendung gut geeignet ist, aufgelöst werden kann. Diese
Iteration wird so lange fortgesetzt, bis die Lösungen gegen
einen Grenzwert konvergieren.

Zur Auflösung der Gleichung (3.22) sind verschiedene Ableitungen zu bilden:

$$\frac{\partial\vec{f}}{\partial v_I}, \quad \frac{\partial\vec{f}}{\partial u_{II}}, \quad \frac{\partial\vec{f}}{\partial v_{II}},$$

für die wiederum die ersten und zweiten sowie die gemischten
Ableitungen der Flächen benötigt werden. Für diesen Fall ist
es günstig, die Flächengleichung nach Bild 2.5 etwas umzu-
formen:

$$\vec{R}(u,v) = (1\ u\ u^2\ u^3)\ \vec{B}\ (1\ v\ v^2\ v^3)^T$$

wobei die Matrix $\vec{B}$ die Eckpunktsinformationen und die Gewichtsfunktionen enthält. Für die partiellen Ableitungen der Vektorfunktion $\vec{f}$ ergibt sich am Beispiel

$$\frac{\partial \vec{f}}{\partial v_I} = \frac{\partial \vec{R}_I}{\partial v_I} - \frac{\partial \vec{R}_{II}}{\partial v_I} + RF \left[\frac{\partial \vec{FN}^\circ_I}{\partial v_I} - \frac{\partial \vec{FN}^\circ_{II}}{\partial v_I} \right] \quad \text{die Beziehung}$$

$$\frac{\partial \vec{f}}{\partial v_I} = \vec{R}_{v_I} + RF((-(\vec{FN}_I^2)^{-1,5}\ (\vec{FN}_I\vec{BV}_I))\vec{FN}_I + (\vec{FN}_I^2)^{-0,5}\vec{BV}_I$$

$$\text{mit} \quad \vec{BV}_I = \vec{R}_{uv_I} \times \vec{R}_{v_I} + \vec{R}_{u_I} \times \vec{R}_{vv_I},$$

und mit $\vec{BU}_I = \vec{R}_{uu_I} \times \vec{R}_{v_I} + \vec{R}_{u_I} \times \vec{R}_{uv_I}$ folgt für

$$\frac{\partial \vec{f}}{\partial u_I} = \vec{R}_{u_I} + RF((-(\vec{FN}_I^2)^{-1,5}\ (\vec{FN}_I\vec{BU}_I))\vec{FN}_I + (\vec{FN}_I^2)^{-0,5}\vec{BU}_I).$$

Analog lassen sich die anderen Ableitungen entwickeln. Damit kann für eine vorgegebene Parameterlinie der Fläche F_I, die der Fräser berühren soll, die Berührpunktberechnung direkt durchgeführt werden.

<u>Schnitt gekrümmter Flächen</u>

Als Nebenprodukt folgt aus Gleichung (3.20) die Gleichung für den Schnitt zweier gekrümmter Flächen, wenn der Fräserradius RF=0 gesetzt wird. Entsprechend vereinfachen sich dann die nachfolgenden Ableitungen und die Auflösung des Gleichungssystems. Auch hier gilt, daß die Schnittkurve nicht geschlossen, sondern nur punktweise berechnet werden kann.

3.5.2.2 Probleme am Flächenrand

Im allgemeinen gibt es in den Randbereichen der Flächen
nicht immer zwei Berührpunkte, weil die Position des Fräsers (d.h. der Kugel) den Bereich der einen oder andern
Fläche überschreitet. Schließt sich ein Flächenstück mit
glattem Übergang an, so muß die entsprechende Flächengleichung aus der Werkstückbeschreibung gemäß Abschnitt 3.4.3
bereitgestellt werden und der Algorithmus zur Berührpunktberechnung läuft weiter.

Stoßen hingegen drei gekrümmte Flächen zusammen und bilden
somit ein Eck, so ist es günstiger, das exakte Gleichungssystem für die nun drei Berührpunkte aufzustellen und zu
lösen, als iterativ das Verfahren des vorangegangenen Ab-
schnitts auf die einzelnen Flächenkombinationen (F_I, F_{II}),
(F_I, F_{III}) und (F_{II}, F_{III}) anzuwenden. Zur Vereinfachung der
Schreibweise wird im folgenden $\vec{R} = \vec{R}(u,v)$ und $\vec{FN} = \vec{FN}(u,v)$
gesetzt. Die Indizes I, II und III weisen auf die Nummern
der Flächen:

$$\vec{f}_{I,II} = \vec{R}_I - \vec{R}_{II} + RF(\vec{FN}^{\,\circ}_I - \vec{FN}^{\,\circ}_{II}) = 0$$

$$\vec{f}_{I,III} = \vec{R}_I - \vec{R}_{III} + RF(\vec{FN}^{\,\circ}_I - \vec{FN}^{\,\circ}_{III}) = 0 \qquad \left.\right\} \ (3.23)$$

$$\vec{f}_{II,III} = \vec{R}_{II} - \vec{R}_{III} + RF(\vec{FN}^{\,\circ}_{II} - \vec{FN}^{\,\circ}_{III}) = 0$$

Dieses Gleichungssystem für die Unbekannten $(u_i, v_i,\ i = I, II, III)$
ist mathematisch überbestimmt, weshalb nur zwei der drei
Gleichungen aus (3.23) benötigt werden. Entwickelt man die
verbleibenden zwei Vektorfunktionen (z.B. $\vec{f}_{I,II}$ und $\vec{f}_{I,III}$)
in Taylorreihen und bricht diese wiederum mit dem linearen
Glied ab, so entsteht, da die Vektorfunktionen jeweils in
x, y und z aufgelöst werden können, ein Gleichungssystem
von sechs Gleichungen mit sechs Unbekannten, das in der bekannten Weise gelöst werden kann (vgl. Abschnitt 3.5.2.1).

Neben den gekrümmten Grenzflächen spielen vor allem die abwickelbaren Flächen eine ähnlich bedeutende Rolle, weshalb sie als nächstes behandelt werden.

3.5.2.3 Abwickelbare Flächen als Grenzflächen

Eine Fläche wird dann geradlinige Fläche oder auch Regelfläche genannt, wenn sie durch Bewegung einer Geraden im Raum erzeugt wird / 35 /. Läßt sie sich außerdem auf die Ebene abwickeln, spricht man von einer abwickelbaren Fläche.

Werden gekrümmte Flächen nun von solchen abwickelbaren Flächen begrenzt, so können letztere bei Einsatz eines zylindrischen Fräsers exakt hergestellt werden, wenn die Fräserachsrichtung parallel zu den Erzeugenden der Regelfläche und um den Fräserradius in Richtung der Flächennormalen versetzt angeordnet ist / 4, 5 / (Bild 3.21.). Um auch die gekrümmte Fläche nicht zu beschädigen, muß der Fräser mit

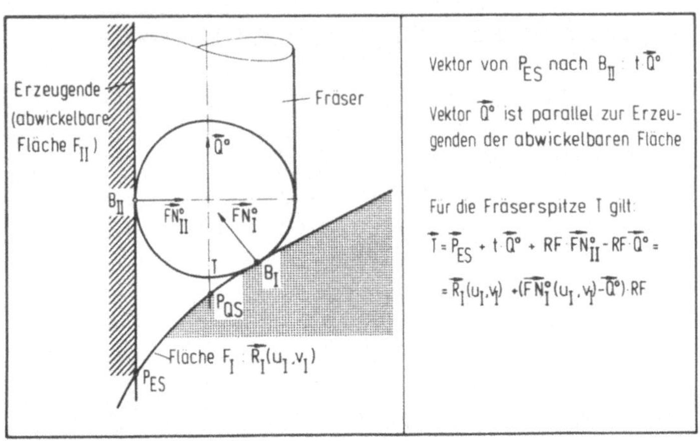

Bild 3.21: Abwickelbare Fläche als Grenzfläche

einer runden Stirn versehen sein. Der Kugelkopffräser soll
also sowohl eine Erzeugende der Regelfläche (Linienberüh-
rung) als auch die gekrümmte Fläche berühren. Die Erzeugende ergibt sich aus der Beschreibung der Regelfläche, ihr
Schnittpunkt mit der gekrümmten Fläche sei mit P_{ES} bezeichnet. Es ist somit:

$$\vec{R}_I(u_I,v_I) + RF\ \vec{FN}_I^{\circ}(u_I,v_I) - (\vec{P}_{ES} + t\ \vec{Q}^{\circ} + RF\ \vec{FN}_{II}^{\circ}) = 0 .$$

Dies ergibt ein nichtlineares Gleichungssystem für die drei
Unbekannten u_I, v_I und t und ist daher analog dem in Abschnitt 3.5.2.1 beschriebenen Verfahren lösbar.

Nach den grundlegenden Untersuchungen zur Berechnung einer Fräserposition im Grenzbereich, stellt sich daran anschließend die Frage nach der zulässigen Schrittweite von
einer Fräserposition zur anderen dann, wenn die begrenzende
Fläche eine Leitfläche ist, d.h. der Fräser entlang dieser
Fläche geführt werden muß.

3.5.2.4 Berechnung von Schrittweiten bei Leitflächen und von Fräserpositionen für Kugelkopffräser

Voraussetzung für die Fräsbahnberechnung entlang von Leitflächen ist die Schrittweitenberechnung , d.h. die Vorgabe
eines Parameterwertes für die nächste Fräserposition. Im
Prinzip kann hierfür das Verfahren der Kurvenlinearisierung
gemäß Abschnitt 3.3.3 verwendet werden. Damit weder die
Teile- noch die Leitfläche verletzt wird, ist der kleinere
der beiden Bahnkrümmungsradien RB_I und RB_{II} in die Schrittweitenberechnung nach Bild 3.14 einzusetzen. Die Fortschreit-
richtung ergibt sich aus dem Kreuzprodukt der beiden Flächen-
normalen in den Berührpunkten B_I und B_{II}: $\vec{TB} = \vec{FN}_I \times \vec{FN}_{II}$.

Für die Position der Fräserspitze gilt die Vektorbeziehung:

$$\vec{T} = \vec{B}_I + RF\,(\vec{FN}_I^{\,\circ} - \vec{Q}^{\,\circ}).$$

Die Richtung der Fräserachse ($\vec{Q}$) ist dabei so zu wählen, daß relativ günstige Zerspanungsbedingungen vorherrschen, d.h. in der Fräserspitze keine Zerspanung auftritt, und daß der Fräser mit keiner der Werkstückflächen kollidiert. Aus der ersten Bedingung folgt für die Fräserachsrichtung:

$$\vec{Q} = (\vec{FN}_I + \vec{FN}_{II})^{\circ}\,\cos\beta + (\vec{FN}_I \times \vec{FN}_{II})^{\circ}\,\sin\beta$$

mit dem Winkel β als dem vom Teileprogrammierer vorzugebenden Voreilwinkel. Mit dieser Fräserachsrichtung ist danach eine Kollisionsprüfung zwischen dem zylindrischen Teil des Fräserhüllkörpers und benachbarten Flächen vorzunehmen.

Bei benachbarten konvexen Leitflächen treten hier keine Probleme auf, da die Fräserachsrichtung als Funktion der beiden Flächennormalen berechnet wird. Bei konkaven hingegen wird der Aufwand größer. Liegt dieser Fall vor, bietet die interaktive grafische Arbeitsweise den Vorteil, besonders gefährdete Flächenstücke am Bildschirm identifizieren und dann den Fräserhüllkörper zusammen mit den Flächenkanten betrachten und auf Kollision überprüfen zu können. Im Kollisionsfall muß eine andere Fräserachsrichtung gewählt werden. Dies ist jedoch nicht besonders problematisch, weil das Fräsrillenprofil unabhängig vom Fräserachsrichtungsvektor ist.

Als Ergebnis mehr am Rande können aus den Algorithmen zur Fräserwegberechnung Schmiegeflächen zwischen zwei gekrümmten Flächen rechnerintern dargestellt werden.

Schmiegeflächen zwischen Flächen ohne glatten Übergang

Müssen zwischen zwei gekrümmten Flächenstücken, die sich schneiden oder die ohne glatten Übergang zusammenstoßen, Schmiegeflächen rechnerintern dargestellt werden, so kann hierzu der Algorithmus zur Führung eines kugeligen Fräsers

- 64 -

entlang einer gekrümmten Fläche verwendet werden (Bild 3.22).
Ausgehend von den beiden Mengen von Berührpunkten auf den
Flächen F_I und F_{II}, welche die gemeinsamen Kanten zwischen
der Schmiegefläche und den beiden Flächenstücken repräsen-
tieren, müssen entsprechend Bild 3.22 zusätzliche Punkte im
Flächeninnern der Schmiegefläche erzeugt werden, damit sie
dann mit Hilfe des in / 27, 32 / beschriebenen Verfahrens zu
einer Coonsfläche approximiert werden können.

In ähnlicher Weise muß verfahren werden, wenn Schmiegeflächen zwischen gekrümmten Flächen und Regelflächen aufgebaut werden sollen.

Mit diesen, nur nebenbei erwähnten Möglichkeiten, aus der
Fräserwegberechnung Schmiegeflächen erzeugen zu können, wird
das Kapitel abgeschlossen. Die Grundlagen zur optimalen Fräserführung wurden erarbeitet, im Hinblick auf die Teileprogrammierung im Dialog sind jedoch weitere Untersuchungen
hinsichtlich Datenorganisation und -handhabung notwendig.

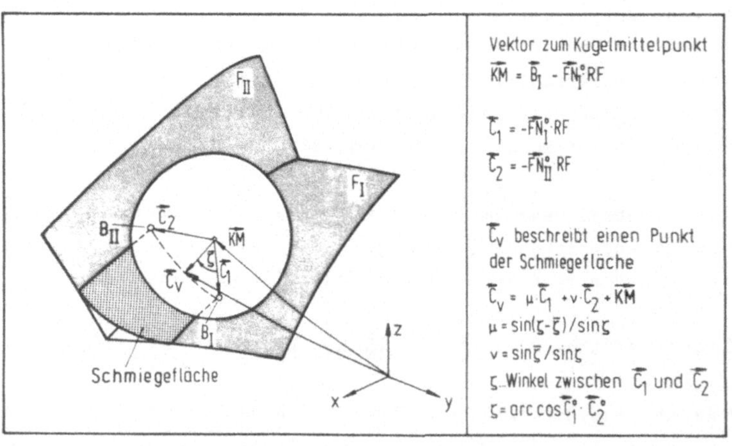

Bild 3.22: Schmiegefläche zwischen zwei gekrümmten Flächen

4   <u>Teileprogrammierung im Dialog</u>

4.1   <u>Möglichkeiten der grafischen Programmierung</u>

Eine effektive Teileprogrammierung ist nur im Dialog am interaktiven grafischen Bildschirm möglich; denn hier können die Konstruktions-, Arbeitsplanungs- und sonstigen Ergebnisse schrittweise erzeugt und direkt als Bild dargestellt und manipuliert werden.

Voraussetzung ist die schon erwähnte NC-gerechte Werkstückbeschreibung, die sich dadurch auszeichnet, daß sie vollständig ist, d.h. alle Geometrieelemente enthält, alle Flächen begrenzt sind und alle Flächengleichungen vorliegen. Sie muß zudem zur grafischen Darstellung geeignet sein und es erlauben, Flächen über ihre Kanten zu identifizieren, damit auf einfache Weise am grafischen Bildschirm die zu bearbeitenden Flächenelemente markiert und zur Fräserwegberechnung herangezogen werden können.

Darüber hinaus ist es notwendig, aus der Werkstückbeschreibung auf die begrenzenden Geometrieelemente schließen zu können, damit sie für Kollisionsberechnungen zur Verfügung stehen.

Der Teileprogrammierer wird nicht mehr in dem Maße mit Sprachelementen und symbolbehafteten Anweisungen arbeiten müssen, wie dies bei batchorientierten Systemen oder auch bei alphanumerischen Dialogsystemen der Fall ist, sondern er muß mit grafischen Modellen von Werkstück und Bearbeitung hantieren, wobei er während der Programmierung vom Rechner durch Menüelemente geführt wird.

Das Einfügen einer zusätzlichen Fräsbahn sollte z.B. so vor sich gehen, daß am Bildschirm die zwei Fräsbahnen identifiziert werden, zwischen denen die zusätzliche Bahn eingefügt werden soll, ohne explizit den Namen bzw. das Symbol von Flächen und vorhandener Fräsbahn kennen zu müssen.

Ähnlich einfach muß das Löschen einer überflüssigen Fräsbahn durch Identifizieren am Bildschirm vor sich gehen.
Wichtig ist in dem Zusammenhang, daß dann die Positionierbewegungen zwischen den betroffenen Fräsbahnen ebenfalls
modifiziert werden müssen. Bild 4.1 zeigt den Informationsfluß bei der interaktiven Programmierung.

Im Gegensatz zu APT-like-Systemen, die die Änderung von
Anweisungen nur in der Weise gestatten, daß das gesamte
Teileprogramm - und damit natürlich auch die fehlerfreien
Anweisungen - neu übersetzt und verarbeitet werden müssen,
sollen im interaktiv grafischen Modus nur die Informationen
manipuliert werden, die von der Änderung betroffen sind.
Da ein Teileprogramm der bisher üblichen Form diesen Anforderungen nicht gerecht werden kann, müssen andere Formen der Datenorganisation und -handhabung entwickelt werden.

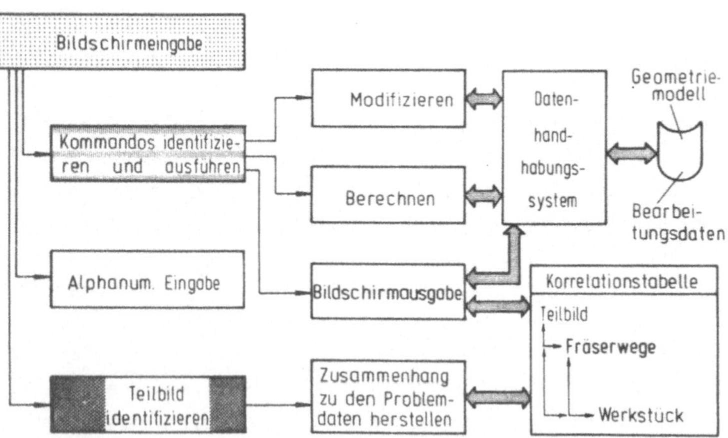

<u>Bild 4.1:</u> Informations- und Datenfluß bei der Programmierung

4.2 Untersuchungen zur dialogorientierten Datenhandhabung

Vor der Frage nach der Datenhandhabung, d.h. der Daten-
manipulationen 'Abspeichern, Wiederauffinden und Ändern'
sowie der Datenverwaltung, stellt sich zunächst die nach
den Daten selbst. Während die organisatorischen Informationen den Betriebsablauf steuern, bestimmen die technischen Gestalt und Ausführung sowie Herstellverfahren
und Arbeitsablauf / 42 /. Aus der Aufgabenstellung dieser
Arbeit heraus sind die interessierenden Daten eine Teilmenge der technischen Informationen (Bild 4.2).

4.2.1 Daten zur Beschreibung des Arbeitsablaufs

In der Arbeitsplanung werden anhand der geometrischen
Werkstückbeschreibung die Informationen zur Herstellung
des Werkstücks ermittelt. Neben dem Festlegen der Arbeitsvorgänge und Betriebsmittel sind dies im wesentlichen die

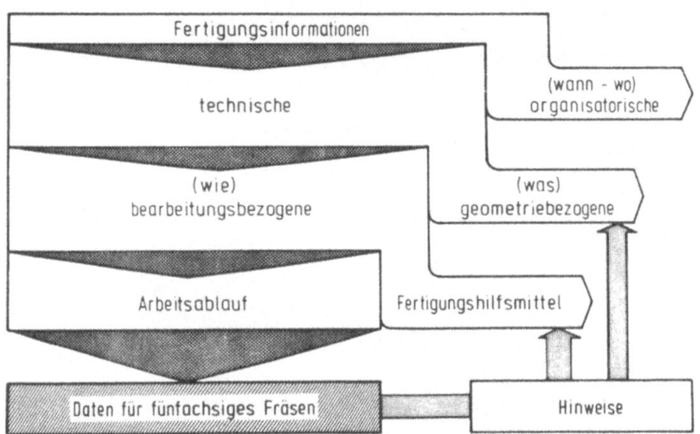

Bild 4.2: Daten für fünfachsiges Fräsen als Teilmenge
der Fertigungsinformationen

Ermittlung der Vorgabezeiten und des Arbeitsplans sowie
die Steuerdaten für die NC-Werkzeugmaschine / 43 /.

Die Einordnung des fünfachsigen Fräsens in die Arbeitsplanung läßt sich anhand des Schemas nach Bild 4.3 vor-
nehmen. Projekt sei z.B. die Herstellung eines Karosserie-
seitenteils, Teilprojekt das Fertigen eines Ziehwerkzeugs
und Projektstufe das Fertigen eines Ziehstempels.

Ein Arbeitsvorgang wird definiert als die Bearbeitung, die
zusammenhängend auf einer Maschine oder an einem Handarbeits-
platz ausgeführt wird; der Inhalt einer Arbeitsvorgangsfol-
ge sind Arbeitsvorgänge, die in der Reihenfolge aufgeführt
sind, die eine technisch und wirtschaftlich optimale Fertigung garantieren / 44 /. Zur weiteren Aufgliederung der
Arbeitsvorgänge werden diese in Arbeitsteilvorgänge aufge-
teilt. Als Gliederungskriterien benutzt man entweder Ver-
fahrensablaufschritte oder formelementbezogene Tätigkeiten.

In der Hierarchie nach Bild 4.3 ist demnach das fünfachsige

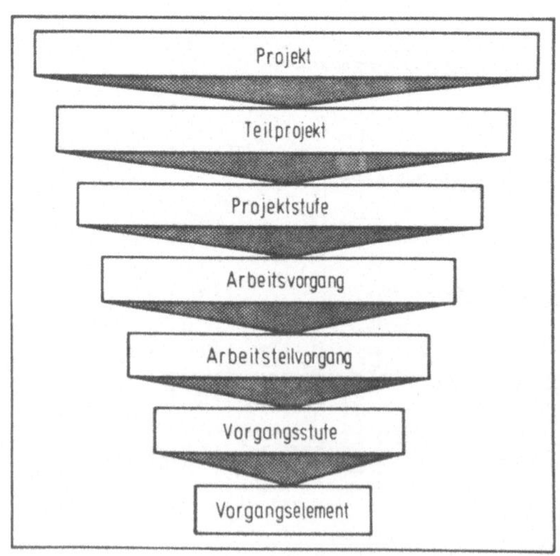

Bild 4.3: Planungs-
ebenen bei der Ar-
beitsplanung (nach
/ 44 /)

Fräsen ein Arbeitsvorgang. Deshalb sind für die Untersuchungen im Rahmen dieser Arbeit die Daten von Interesse, die zwischen dem Arbeitsvorgang und dem Vorgangselement liegen und die den technischen Informationen zuzuordnen sind.

Nach Bild 4.4 gliedert sich der Arbeitsvorgang 'fünfachsiges Fräsen' in mehrere Arbeitsteilvorgänge, deren Reihenfolge vom Arbeitsvorbereiter vorgegeben und in der Arbeitsteilvorgangsfolge festgehalten wird. Durch Einführung der Vorgangsstufen läßt sich eine noch feinere Unterteilung erzielen, bis hin zu den Vorgangselementen, wo die Einzeldaten auftauchen.

In den Aussagen zur Bearbeitungsstelle müssen Angaben zu den zu bearbeitenden Werkstückflächen sowie den begrenzenden Geometrieelementen enthalten sein. Sie bilden die Schnittstelle zum Geometriemodell. In ihr sind Flächennamen und nicht deren Gleichungen abgespeichert. Mit

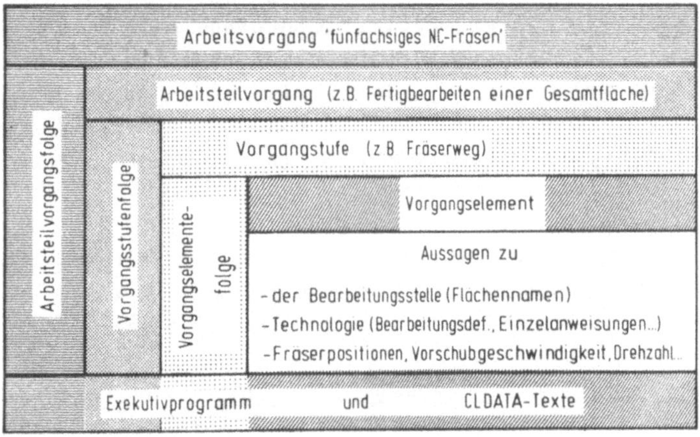

Bild 4.4: Der Arbeitsvorgang fünfachsiges Fräsen

den Flächennamen können dann aus dem Geometriemodell die
zugehörigen Flächengleichungen gewonnen werden.

Neben geometrischen Angaben zu den Werkstückflächen werden
technologische Aussagen zum Werkstück (z.B. Werkstoff) und
zur Bearbeitung gebraucht. Sie betreffen das Werkzeug, die
Vorschubgeschwindigkeit, die Spindeldrehzahl usw. sowie die
Werkzeugbewegungen. Die Ergebnisse der NC-Programmierung
finden ihren Platz in einem Exekutiv-Teileprogramm und den
entsprechenden CLDATA-Texten, damit eine Verträglichkeit
mit den APT-like-Systemen auf der Schnittstelle zum Post-
processor gewährleistet ist. Das Exekutiv-Teileprogramm
beinhaltet alle technologischen Angaben und die Werkzeugbewegungen als 'GOTO/x,y,z,i,j,k'-Anweisungen aufgelöst.

Für die Verarbeitung im Rechner ist eine Voraussetzung,
den Arbeitsvorgang fünfachsiges Fräsen als rechnerinterne
Darstellung abbilden zu können. Nach / 45 / ist unter der
Zielsetzung der besseren Integration und der Erweiterbar-
keit von CAD-Systemen eine rechnerinterne Darstellung
zweckmäßigerweise als Modell aufzufassen, das aus Daten,
seiner Struktur und einem Modellalgorithmus besteht / 46 /.
Als Struktur wird danach eine Anordnung von Daten bezeichnet, mit der auch Relationen zwischen den Daten festgelegt werden können. Der Modellalgorithmus dient den für
das Modell gewünschten Manipulationen der Daten und ihrer
Relationen, d.h. Elemente und Relationen lesen, zufügen,
ändern und löschen zu können.

In Analogie zum Werkstückmodell wird deshalb ein Bearbeitungsmodell entwickelt, das vor allem unter dem Gesichtspunkt der interaktiven Programmierung strukturiert ist.

4.2.2 <u>Das Bearbeitungsmodell für fünfachsiges Fräsen</u>

Für das fünfachsige Fräsen liegen sehr viele Daten vor,
die als Menge oder als Einzeldaten geändert oder genutzt

werden können. Hierzu ist es notwendig, sie abzuspeichern
und wiederauffinden zu können. Besondere Anforderungen ergeben sich aus der interaktiven Arbeitsweise, indem z.B.
am Bildschirm zusätzliche Fräsbahnen eingefügt oder über-
flüssige gelöscht werden müssen oder andere Werkzeuge , Vorschubgeschwindigkeiten, Spindeldrehzahlen usw. verwendet
werden sollen.

Um diese Anforderungen zu erfüllen, muß eine geeignete Datenstruktur entworfen werden. Sie stellt nach / 47 / ein idea-
lisiertes, vereinfachtes Abbild einer datenorientierten Wirk-
lichkeit dar und beschreibt die logische Anordnung und Zuordnung von Daten aus der Sicht eines Benutzers oder Systems.

4.2.2.1 Die Datenstruktur des Bearbeitungsmodells

Grundlage für die hier entwickelte Datenstruktur sind die
Datenmodelle der 'Feature Analysis' des CODASYL-Systems
Commitee und das Relationenmodell von Codd / 47, 48 /.
Bild 4.5 zeigt die Vorgehensweise im Modell der Feature

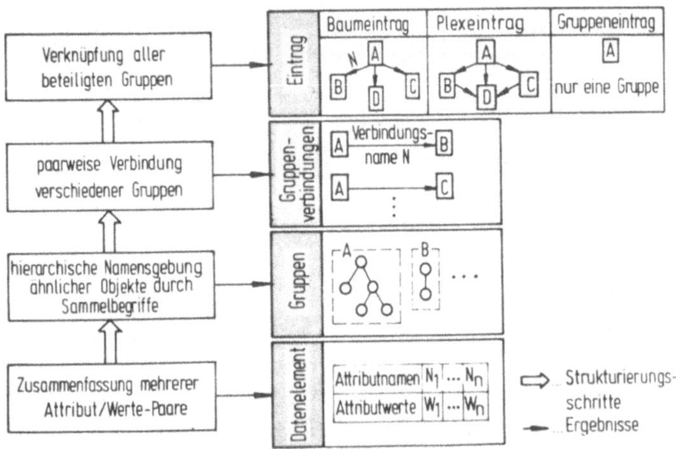

Bild 4.5: Datenmodell der Feature Analysis

Analysis, während Bild 4.6 die Grundbegriffe des Relationenmodells aufzeigt. Das Modell der Feature Analysis basiert auf Baum- bzw. Netz- (Plex-) Strukturen und ist die
Grundlage der meisten industriell angewandten Datenbanksysteme. Das Relationenmodell hingegen gründet auf der
Mengenlehre und läßt sich in Tabellen- bzw. Klammerschreib-
weise darstellen.

Mit Hilfe des Datenmodells der Feature Analysis kann ein Graph
entwickelt werden, der alle Attribute des Bearbeitungsmodells enthält (Bild 4.7). Explizit sind daraus die Pla-
nungsebenen unterhalb des Arbeitsteilvorgangs nicht mehr
zu entnehmen, da sie nicht mehr benötigt werden. Ein zusätz-
licher Begriff ist der Arbeitsschritt. Er ist ein Sammel-
begriff für die Werkzeugpositionsdaten und die Fräsbahndaten. Ein Fräsbahnteil ist die Fräsbahn einer Teilfläche.
Mehrere Fräsbahnteile ergeben in ihrer Gesamtheit und in
Verbindung mit der Fräserversatzberechnung den Fräserweg,
der über eine Positionierbewegung mit dem benachbarten

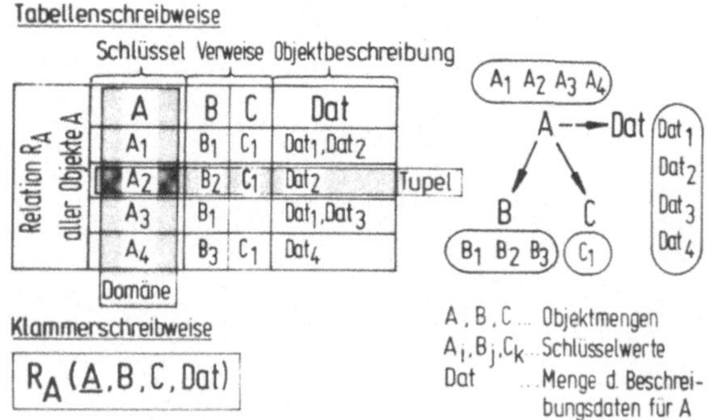

Bild 4.6: Grundbegriffe des Relationenmodells

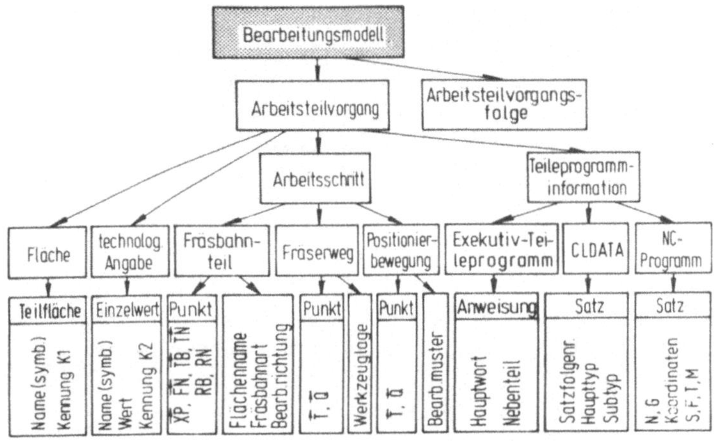

<u>Bild 4.7</u>: Datenstruktur des Bearbeitungsmodells

Fräserweg verknüpft ist. Damit Fräsbahnen eingefügt werden können, müssen sie eindeutig einer Teilfläche zugeordnet werden können. Dies geschieht über die Angabe des
Teilflächennamens. Zusätzlich muß zu jeder Fräsbahn die
Art ihrer Berechnung und ihre Richtung bekannt sein.

Die Werkzeuglage beschreibt die Führung des Fräsers entlang (auf, links oder rechts) der Fräsbahn und gibt Aus-
kunft über die Voreilwinkelvorgabe. Unter den technologischen Angaben sind alle Informationen zum Werkstoff,
Werkzeug, Vorschub usw. aufgeführt.

Die Schnittstelle zum Geometriemodell ist die mit 'Fläche' bezeichnete Gruppe. Sie beschreibt die Bearbeitungsstelle, d.h. sie enthält die Flächennamen. Die Kennung K1
gibt an, ob es sich um Teile-, Grenz- oder Hilfsfläche
handelt. In einem Arbeitsteilvorgang sind immer die
Flächen zusammenzufassen - durch Identifikation am Bildschirm -, die mit gleichem Werkzeug, gleicher Toleranz und

derselben Fräsbahn- und Bearbeitungsart herstellbar sind. Eventuell benötigte Hilfsflächen für Ausräum- oder Schrupp- arbeiten müssen explizit eingegeben werden.

Bei der in Bild 4.7 gezeigten hierarchischen Datenstruktur handelt es sich um einen Baumeintrag mit dem Knoten "Bear- beitungsmodell" als Einstieg in diese Struktur. Durch mittels Pfeilen dargestellten Abhängigkeiten wird eine Zugriffsrich- tung vorgeschrieben und das Datenmodell damit hochgradig zu- griffsabhängig / 48 /. Ändert sich die Zugriffsrichtung, so müssen die Programme entsprechend geändert werden.

Die Verwendung des Relationenmodells hingegen bringt dem Be- nutzer eine größere Datenunabhängigkeit der Programme. Zudem gestattet dieses, unterschiedlich strukturierte Datenmengen mit einer einheitlichen Systematik abspeichern und wieder- auffinden zu können. Zu den Datenmengen, die eindeutig durch einen Schlüssel identifiziert werden, wird direkt zugegrif- fen, ohne ihre Position in der Datenhierarchie kennen zu müssen / 47 /.

Ausgehend von der entworfenen Datenstruktur ergeben sich für das fünfachsige Fräsen die in Bild 4.8 dargestellten Stan- dardrelationen. Die unterstrichenen Attribute stellen Pri- märschlüssel (durchgezogen) bzw. Verweise auf andere Rela- tionen (strichliert) dar. Die Relationen zeigen ausschließ- lich die logischen Zusammenhänge zwischen den Elementen aus der Sicht des Benutzers. Die Überführung der relationalen Datenstruktur in eine Speicherungsstruktur ist die Aufgabe eines Datenbanksystems.

Da von relationalen Datenbanksystemen kaum technische Reali- sierungen vorliegen, ist für diesen Anwendungsfall eine rech- nerinterne Darstellung des Bearbeitungsmodells zu entwickeln. Sie ergibt sich durch die Beschreibung mit einer Programmier-

ATVG(VGNr, FL Name1, ..FL Name l, TA Name1, ..TA Namek)	ATVG Arbeitsteilvorgang
- FL(FL Name, Kennung)	ETP Exekutivteileprogramm
- TA(TAName, Wert, Kennung)	FB(T). Frasbahn(teil)
AS (VGNr, ASNr, FBT1, ..FBT m, FWNr, PBNr)	FL Fläche
- FB (ASNr, FBTNr, PKTNr, Npkt, FL Name, FB Art, FB Richtung)	FW: Fräserweg
- FW(FWNr, PKTNr, Npkt, Werkzeuglage)	NCP. NC-Programm
- PB (PBNr, PKT1, ..PKT l, Bearbeitungsmuster)	Npkt Punktanzahl
- - PKT(PKTNr, x, y, z, $\overline{FN}°$, $\overline{TB}°$, $\overline{TN}°$, RB, RN)	Nr Nummer
CLDATA(VGNr, SNr, Haupttyp, Subtyp, ...)	PB: Positionierbewegung
ETP (VGNr, SNr, Hauptwort/Modifikator, .)	PKT. Punkt
NCP (VGNr, SNr, G, X, Y, Z, A, C, F, S, T, M)	SNr Satznummer
	TA. Technologieangaben
	VGNr: Vorgangsnummer
	AS: Arbeitsschritt

<u>Bild 4.8</u>: Standardrelationen für fünfachsiges Fräsen

sprache (z.B. FORTRAN), aus der dann mit Systemsoftware
und Hardware des Rechners eine physikalische Abbildung
erzeugt wird.

4.2.2.2 Die Speicherungsstruktur des Bearbeitungsmodells

Zur Realisierung der entwickelten Struktur stehen in FORTRAN
das Wort und das Feld im Arbeitsspeicher sowie der Satz auf
dem externen Speicher und schließlich noch die Datei als eine
Ansammlung von Sätzen zur Verfügung. Das Feld und der Satz
sind einander als Organisationseinheit gleichbedeutend.

Es gilt nun, daß ein Tupel (s. Bild 4.6) als Satz im Speicher
abgelegt wird. Ein Wort entspricht demnach einem Attribut und
eine Relation einer Sammlung von Sätzen. Eine Datei kann mehrere Relationen aufnehmen.

Jede Relation stellt andere Anforderungen an die Bewegungs-
häufigkeit, d.h. wie oft auf Sätze zugegriffen, sie ge-

ändert, andere eingefügt oder gelöscht werden müssen. Dies
stellt natürlich auch jeweils andere Anforderungen an die
Datenorganisation, für die es drei Grundtypen gibt / 49 /:
die sequentielle Form, die Listen und den Direktzugriff.

Bei der ersten Methode ergeben sich für das Einfügen und
Löschen ungünstige Eigenschaften, während sich diese Opera-
tionen bei verketteten Listen wesentlich günstiger reali-
sieren lassen (Bild 4.9). Durch Einführung zweier kor-
respondierender Listen für belegte und freie Speicherplät-
ze wird eine zentrale Übersicht über den verfügbaren Spei-
cherplatz erreicht. Für die vorliegende Aufgabe wurde unter
den Gesichtspunkten:

- geringer Speicherplatzbedarf,
- einfache Änderungsmöglichkeit,
- Zugriffsgeschwindigkeit,
- Datenmenge und
- voraussichtliche Änderungshäufigkeit

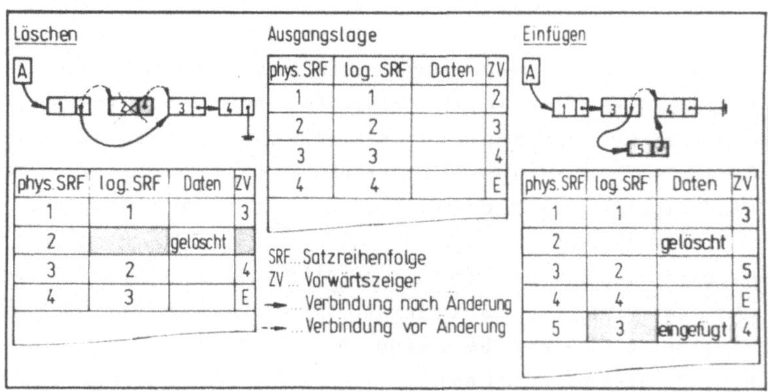

<u>Bild 4.9:</u> Beispiel einer durch Vorwärtszeiger verketteten Liste

die beiden erstgenannten Organisationsformen realisiert.
Es müssen jedoch immer Kompromisse geschlossen werden;denn
einfache Änderungsmöglichkeiten bedeuten andererseits nämlich größeren Speicherbedarf und umgekehrt usw.

Die logische Reihenfolge der Arbeitsteilvorgänge (ATVG) bestimmt die Bearbeitungsfolge. Sie muß auch nachträglich
noch vom Arbeitsplaner verändert werden können. Da diese
Änderungen während der gesamten Planungsphase nur verein-
zelt vorkommen, wird die Arbeitsteilvorgangsfolge in einer
Indextabelle geführt (Bild 4.10). Die Tabellenreihenfolge
entspricht der ATVG-Folge. Die Vorgangsnummer ergibt sich
zu VGNr = ADR - (j-1), wobei j den Verweis aus der Dateiorganisation zur Indextabelle darstellt und als Anker bezeichnet wird.

Aus der Relation 'ATVG' lassen sich über Zeiger die benötigten Informationen zu den Bearbeitungsstellen (Relation
'FL') und den technologischen Angaben (Relation 'TA') ge-

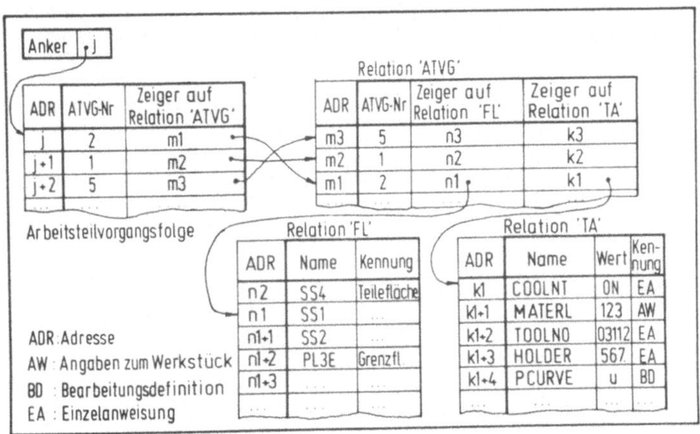

ADR	ATVG-Nr	Zeiger auf Relation 'ATVG'
j	2	m1
j+1	1	m2
j+2	5	m3

ADR	ATVG-Nr	Zeiger auf Relation 'FL'	Zeiger auf Relation 'TA'
m3	5	n3	k3
m2	1	n2	k2
m1	2	n1	k1

ADR	Name	Kennung
n2	SS4	Teilefläche
n1	SS1	...
n1+1	SS2	...
n1+2	PL3E	Grenzfl
n1+3		

ADR	Name	Wert	Ken-nung
k1	COOLNT	ON	EA
k1+1	MATERL	123	AW
k1+2	TOOLNO	03112	EA
k1+3	HOLDER	567	EA
k1+4	PCURVE	u	BD

Bild 4.10: Indextabelle der Arbeitsteilvorgangsfolge

winnen. Die Relationen im Bild 4.10 sind nur schematisch dargestellt. Für den praktischen Einsatz sind sie um zusätzliche Verwaltungssätze zu erweitern, wie am Beispiel der Relation 'Arbeitsschritt' im Bild 4.11 gezeigt und im folgenden erläutert.

Über die Ankeradresse j erfolgt der Zugriff. Der unter der Adresse j+3 abgespeicherte Schlüssel (1 2) ergibt sich gemäß Bild 4.8 aus der Vorgangsnummer VGNr=1 und der Arbeitsschrittnummer ASNr=2. Seien nun z.B. die Fräsbahndaten dieses Arbeitsschrittes gesucht, so verweist der Zeiger ZFBT auf die Adresse j+9. Der dort gefundene Schlüssel besagt (vgl. Bild 4.8), daß zur Arbeitsschrittnummer ASNr=2 der Fräsbahnteil mit der Nummer FBTNr=1 gehört. Weiter ergibt sich aus diesem Satz (Tupel), daß diese Fräsbahn aus 102 Po-

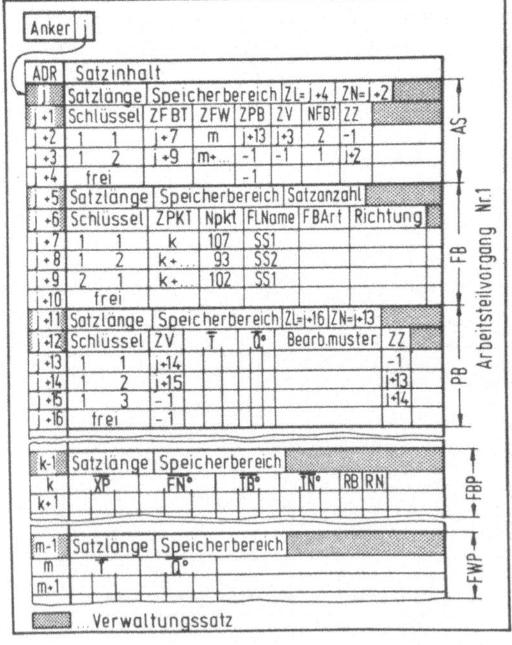

Bild 4.11: Speicherungsstruktur der Relation 'Arbeitsschritt'

sitionen besteht und auf der Fläche mit Namen SS1 liegt. Der
Zeiger ZPKT weist auf die Anfangsadresse, unter der die Fräsbahndaten abgespeichert sind. Die zugehörigen Fräserwegdaten findet man unter der Anfangsadresse ZFW=m+... .

Die Positionierbewegungen wurden in die Relation 'PB' hinein-
gezogen, um einen zusätzlichen Zugriff einzusparen. Die
Punkte der Positionierbewegungen müssen deshalb mit Vor- und
Rückwärtszeigern verkettet werden (ZV, ZZ), damit einzelne
Positionen geändert, eingefügt oder gelöscht werden können, was bei Fräserwegdaten nicht notwendig und auch nicht
möglich ist; denn wenn ein Fräserweg fehlerbehaftet ist,
so muß dieser neu berechnet werden.

Aufgrund dieser Daten- und Speicherungsstruktur ist es jetzt
einfach möglich, Fräsbahnen zu löschen oder einzufügen.
Auch das Manipulieren technologischer Daten ist relativ einfach zu bewerkstelligen.

Da es bei der interaktiven Programmierung keine Teileprogram-
me im üblichen Sinne mehr gibt, ist es notwendig, das für
ein bestimmtes Werkstück erzeugte Bearbeitungsmodell in einer Datenbank abzuspeichern. Der Aufbau dieser Datenbank
ist im Bild 4.12 dargestellt.

Die gesamte Datenmenge wird in zwei Hauptbereiche gegliedert.
Einmal in den Bereich 'Arbeitsteilvorgang', auf den während der
Planungs- und Programmierphase zugegriffen werden muß, und
in den Bereich 'Teileprogramm', der erst am Ende der Programmierphase steht und nur eine APT-ähnliche Schnittstelle
zwischen Arbeitsplanung und Fertigung darstellt, auf die
aus Verträglichkeitsgründen mit anderen Programmiersystemen
nicht verzichtet wird. Im Exekutiv-Teileprogramm müssen
deshalb keine Berechnungen durchgeführt, sondern nur Bezug
auf die Arbeitsteilvorgangsdaten genommen werden.

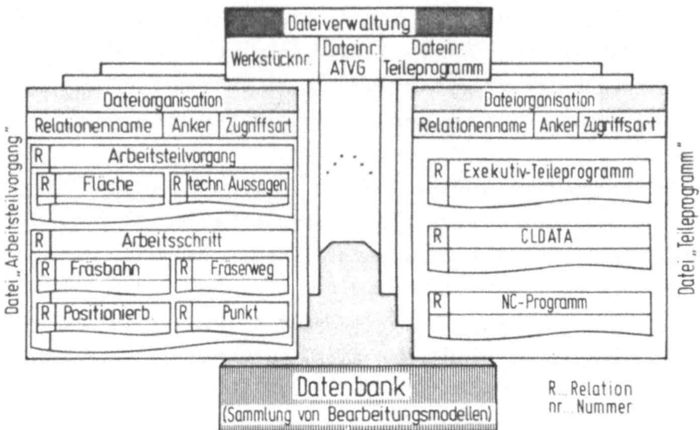

Bild 4.12: Dateiorganisation für das Bearbeitungsmodell

Jeder dieser Dateien ist eine Dateiorganisation vorange-
stellt, in der in einer Liste die enthaltenen Relationen
aufgeführt werden. Das Abspeichern mehrerer Werkstücke
macht eine übergeordnete Dateiverwaltung notwendig. Der Zugriff auf ein Objekt ist somit mehrstufig:

- Zugriff auf Dateiverwaltung (Dateinummer)
- Zugriff auf Dateiorganisation (ergibt die Ankeradresse)
- Auswahl einer Domäne
- Durchsuchen der Mengenelemente dieser Domäne
  nach dem gewünschten Objekt.

Entsprechend dem mehrstufigen Zugriff ist dann auch der Such-
begriff nach einem bestimmten Objekt mehrstufig.

Mit der Entwicklung einer Datenbank ist somit ein wesent-
licher Schritt getan im Hinblick auf den Einsatz interaktiv
grafischer Methoden zur NC-Programmierung.

5 Grafische Darstellung als Hilfsmittel für die Arbeitsvorbereitung

Aus den Anforderungen an ein NC-Programmiersystem für fünfachsiges Fräsen von Werkstücken mit gekrümmten Flächen folgt, daß entsprechende grafische Methoden entwickelt werden müssen, die dazu beitragen, die Testzyklen und damit verbunden die hohen Kosten zu senken. Es genügt nicht, nur mit automatischen Zeichenmaschinen allein zu arbeiten, sondern es ist der Einsatz interaktiv grafischer Bildschirme Voraussetzung für eine optimale Arbeit mit dem Rechner. Die Informationsschnittstelle ist die im Bild 5.1 mit 'Grafik' bezeichnete grafische Ein-/Ausgabe.

Der Bildschirm dient der visuellen Informationsdarstellung zur Kontrolle von Ergebnissen, der Benutzerführung und der Eingabe von Informationen, die die Bearbeitung betreffen. Die darzustellenden Objekte müssen gemäß Bild 5.2 verarbeitet werden, ihre Struktur mittels Polygonzügen abbildbar sein.

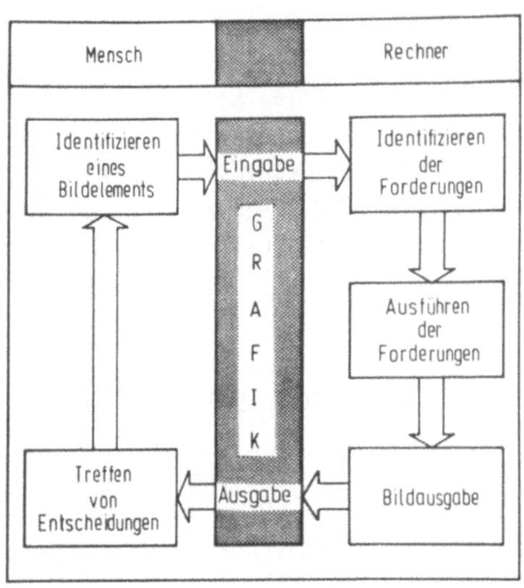

Bild 5.1: Wechselwirkung zwischen Mensch und Rechner / 49 /

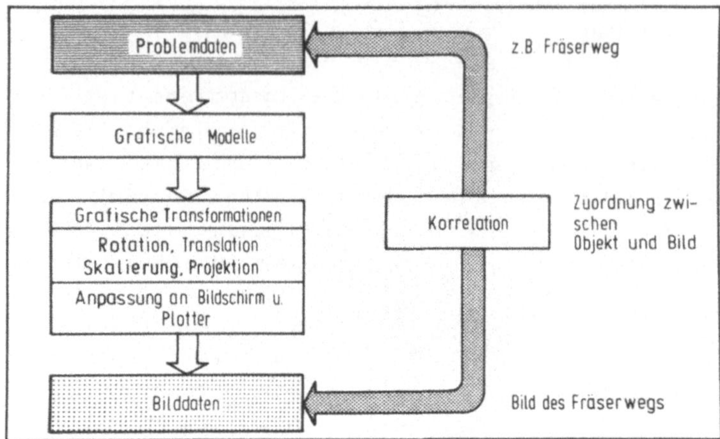

Bild 5.2: Zusammenhang zwischen Problem- und Bilddaten

Den Zusammenhang zwischen Problem- und Bilddaten beschreibt die Korrelationstabelle. Problemdaten sind z.B. Fräser- wege, die Bilddaten sind eine Untermenge aller dargestell- ten Informationen.

Da die Problemdaten (z.B. eine Fräsrille) keine ebenen Ob- jekte beschreiben und zudem keine ausgezeichneten, sondern allgemeine Lagen im dreidimensionalen kartesischen Koordi- natensystem einnehmen, werden sie als 3D-Objekte bezeichnet, die mittels geeigneter Methoden der darstellenden Geometrie in Bildebenen abgebildet werden können.

5.1 Die allgemeine 4x4-Transformationsmatrix

Durch die Verwendung der homogenen Koordinaten / 28 / in Verbindung mit geeigneten Matrizen, läßt sich die Darstel- lung und Verarbeitung grafischer Daten wesentlich verein- fachen (Bild 5.3) / 49 /.

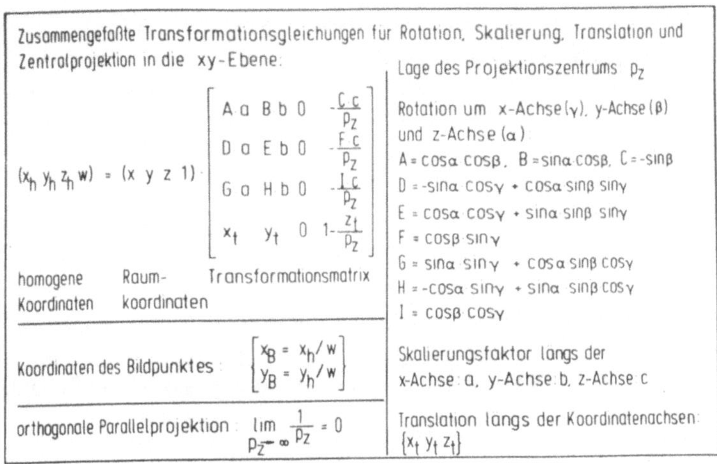

Bild 5.3: Allgemeine Transformationsmatrix

Diese Transformationsmatrix reicht für die Belange im Rahmen
der rechnerunterstützten Konstruktion und Arbeitsvorbereitung
vollkommen aus. Es genügen Zentral- und Parallelprojektion
in die drei Hauptebenen sowie Rotation, Translation und
Skalierung bezüglich der drei Hauptachsen. Um vom Bildschirmsystem unabhängig zu sein, wurden die grafischen
Transformationen für die anstehenden Aufgaben softwaremäßig
realisiert und für die grafische Darstellung der Bearbei-
tungsdaten zugrundegelegt.

5.2 Grafische Modelle

Schwerpunkt dieses Kapitels ist die Modellbildung für die
grafische Darstellung der Ergebnisse aus der Fräserwegberechnung. Wie sich aus der Erfahrung gezeigt hat, benötigt
der Arbeitsvorbereiter optische Eindrücke von der Bearbeitung, da deren Repräsentation allein durch alphanumerische
Zeichen unübersichtlich und schwer vorstellbar ist. Auch

für den Entwickler von Programmiersystemen ist die grafische Ausgabe von Nutzen, da er damit eine Möglichkeit zur Kontrolle von Algorithmen - beispielsweise der Fäserwegberechnung - zur Hand hat, ohne zunächst eine Werkzeugmaschine benutzen zu müssen.

Am wichtigsten ist die Ausgabe der Werkzeugwege im Werkstückkoordinatensystem. Üblicherweise werden bei den grafischen Systemen, die auf dem Markt sind, als Werkzeugwege allein die Berührpositionen zwischen Fräser und Fläche ausgegeben. Für fünfachsiges Fräsen genügt dieses jedoch nicht. Für eine optimale Programmierung müssen mehr Möglichkeiten der grafischen Ausgabe vorhanden sein.

5.2.1 Simulation der Werkzeugwege im Werkstückkoordinatensystem

Die Werkzeugwege, definiert im Werkstückkoordinatensystem, bestehen aus den Positionen der Fräserspitze und den Richtungsvektoren der Fräserachse. Durch die Bewegung des Fräsers auf einer Fläche entsteht eine Durchdringungsfläche, die als Fräsrille bezeichnet wird. Nur wenige Fräsrillenpunkte liegen genau auf der zu fräsenden Oberfläche: Sie werden unter dem Begriff der Fräsbahn zusammengefaßt. Die Schnittkurve zwischen der Fräsrille und einer Normalprofilschnittkurve ist das Fräsrillenprofil. Dem Teileprogrammierer muß es möglich sein, diese genannten Ergebnisse am Bildschirm betrachten und daraus Schlüsse ziehen zu können, die die Wahl von Werkzeugen, Fräsbahnarten, -richtungen usw. erlauben.

5.2.1.1 Position und Achsrichtung des Fräsers

Zur Beurteilung, Begutachtung und/oder Korrektur von Fräserwegen, auch der Positionierbewegungen, sind diese mit

und ohne Richtungsvektoren, mit und ohne Fräserumriß, in
einer oder auch in mehreren Ansichten darzustellen. Die Positionen der Werkzeugspitze bilden einen Polygonzug und werden als solcher projiziert; die Einheitsvektoren der Fräserachse, multipliziert mit der Fräserlänge, werden an die
korrespondierenden Werkzeugpositionen angebunden und die
Endpunkte projiziert, so daß die räumliche Lage des Fräsers
deutlich gemacht werden kann.

Durch die Simulation der Werkzeugbewegung auf dem Bildschirm
werden die Bilder der Werkzeugwege erst übersichtlich
(Bild 5.4). Die Wirkung der Fräserbewegung entsteht durch die
Darstellung der n-ten Fräserposition, während die (n+1)-te
berechnet, unsichtbar gezeichnet und nach dem Löschen der
n-ten Position sichtbar bemacht wird. Für die schnelle Simulation wird der Fräser als Zylinder beschrieben, dessen
Durchmesser und Länge den Werkzeugdaten entsprechen, und

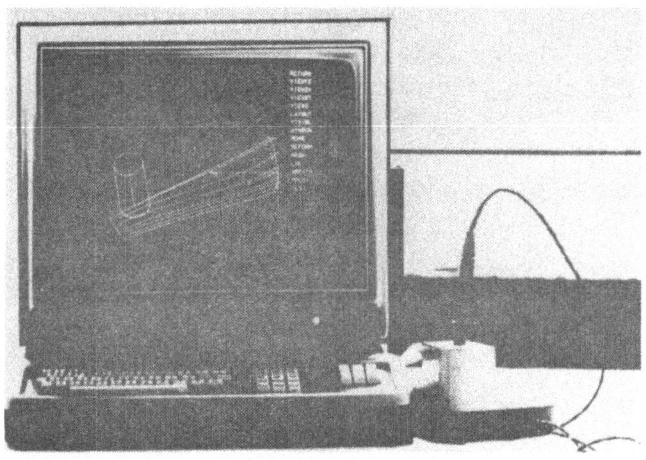

Bild 5.4: Turbinenschaufel mit Fräserwegen und Fräser

der in der Parameterform nach Bild 3.12 beschrieben ist.
Um die räumliche Lage des Zylinders erkennen zu können,
müssen die sichtbaren Zylinderumrisse möglichst schnell
ermittelt werden, damit der Bewegungsfluß erhalten bleibt.

Zu diesem Zweck werden der Projektionsvektor und der Fräserachsrichtungsvektor $\vec{Q}$ herangezogen (Bild 5.5). Da der
Projektionsvektor immer entgegen einer Hauptachse ($\vec{e}_i$, i=1,
2 oder 3) gerichtet ist (vgl. Abschnitt 5.1), ist das Ska-
larprodukt aus ($-\vec{e}_i\,\vec{Q}$) dann positiv, wenn die Fräserspitze
sichtbar ist. Das Kreuzprodukt aus ($\vec{Q} \times \vec{e}_i$) weist auf den
Tangentialpunkt zwischen der äußersten sichtbaren Zylinder-
mantellinie und der in die Bildebene projizierten Kreise,
während das dreifache Vektorprodukt (($\vec{Q} \times \vec{e}_i$) $\times \vec{Q}$) den
sichtbaren Teil des nur halb sichtbaren, projizierten Kreises
identifiziert. Für die Zeichnung der Kreise werden diese
punktweise als Funktion des Parameters $\bar{u}$ (Bild 3.12) beschrieben.

Wie erwähnt, sind neben den Fräserwegen die erzielbaren
Fräsbahnbreiten bzw. die Fräsrillenprofile von vorrangigem
Interesse.

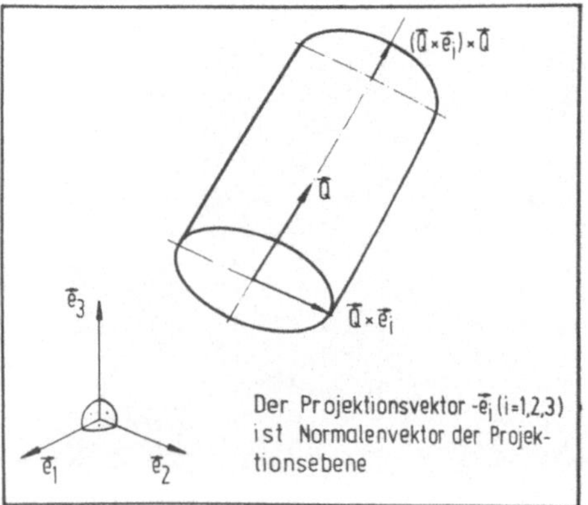

Bild 5.5: Die sichtbaren Kanten eines Zylinders

5.2.1.2 Das Fräsrillenprofil

Zur Bestimmung von Lage und Art der Fräsbahnen, von zu verwendenden Werkzeugen, vor allem der zulässigen Durchmesser, benötigt der Arbeitsvorbereiter Informationen, aufgrund derer er seine Entscheidung treffen kann. Entscheidungskriterien für die Fräsbahnlagen sind die erzielbaren Fräsbahnbreiten und Kollisionsbetrachtungen. Die Fräsbahnbreiten sind abhängig vom Fräsrillenprofil, das nach Gleichung (3.2) eine Funktion von Fräserradius, Bahn- und Normalradius ist.

Zur Beurteilung, welche Fräsbahnlage die optimale Fräsbahnbreite ergibt, ist eine grafische Darstellung des Fräsrillenprofils an ausgesuchten Oberflächenpunkten hilfreich. Die Bilder 5.6 und 5.7 zeigen die Fräsrillenprofile an verschiedenen Fräsbahnstellen unter Angabe der Radien. Grundlage ist die Parameterdarstellung des Fräsrillenprofils, so daß durch Variation des Parameters u eine punktweise Berechnung möglich und das Profil als Polygonzug abbildbar ist.

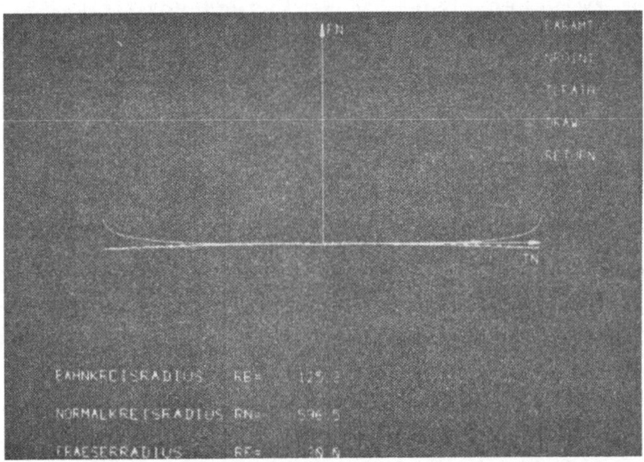

Bild 5.6: Bildschirmdarstellung eines Fräsrillenprofils

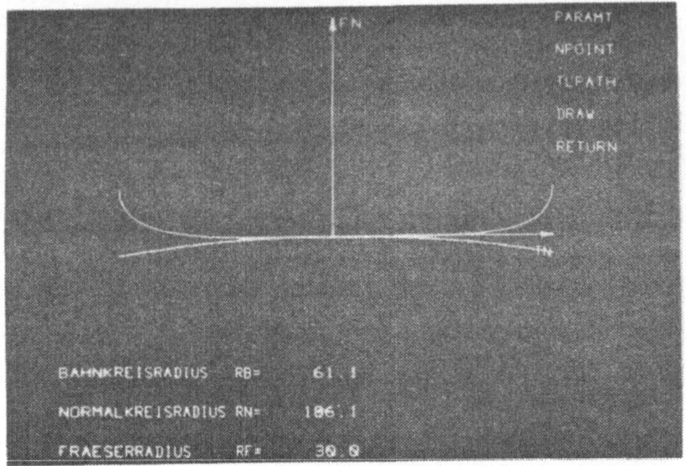

Bild 5.7: Fräsrillenprofil in der Normalprofilschnittebene

Aufbauend auf der allgemeinen Vektorgleichung des Fräsrillenprofils läßt sich näherungsweise die Durchdringungsfläche zwischen Fräser und Werkstück ermitteln. Alle Fräsrillen zusammen beschreiben die Makrogeometrie der gefrä-
sten Oberfläche.

5.2.1.3 Die Fräsrille

Um die entstehende Makrogeometrie bei Einsatz eines bestimmten Fräsers, einer vorgegebenen Fräsbahnlage und Fräsbahnart schon während der Programmierung begutachten und
eventuell korrigieren zu können, wird die Möglichkeit der
grafischen Wiedergabe der Fräsrille vorgesehen.

Eine mathematische Beschreibung der Fräsrille ist zwar nicht
möglich, jedoch genügt eine näherungsweise Darstellung auf
der Grundlage des Fräsrillenprofils, indem die Fräsrille
durch eine Netzfläche repräsentiert wird. Sie wird aufgebaut

auf Punkten gleicher Rillentiefe in den Normalprofilschnitt-
ebenen der Fräsbahnpunkte. Diese Punkte erhält man durch
eine Unterteilung der maximal zulässigen Rillentief RT in
mehrere Intervalle, die in die Fräsbahnabstandsberechnung
eingesetzt werden müssen, aus der sich dann die räumlichen
Koordinaten der Punkte ergeben. Die berechneten Punkte
bilden die Knoten der Netzfläche, die miteinander verbunden und in die Bildebene projiziert werden.

Als Beispiel sei eine Turbinenschaufel gezeigt (Bild 5.8).
Zusammen mit der Fläche sind einige Fräserwege mit Richtungsvektoren abgebildet. Durch die Richtungsvektoren ist
die zu bearbeitende Seite der Fläche leicht zu identifizieren. Die Fräserwege schließen deshalb nicht exakt mit
dem Flächenrand ab, weil die Positionen der Fräserspitze
und nicht die Berührpunkte mit der Fläche gezeichnet sind.

Die entstehenden Fräsrillen zeigt Bild 5.9 , während das
Bild 5.10 einen Gesamteindruck der entstehenden Makrogeo-

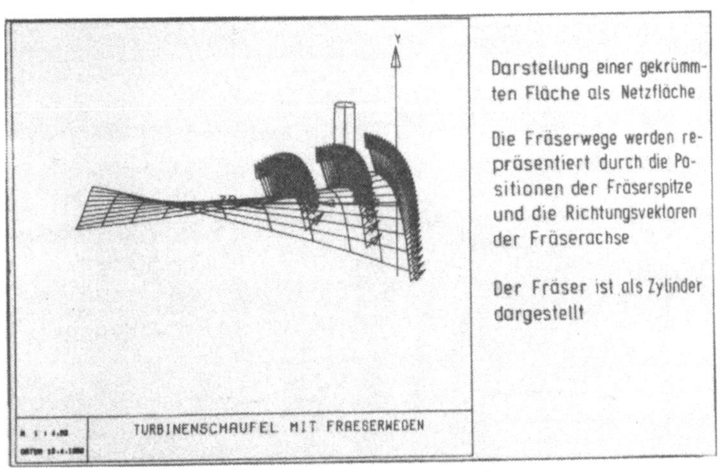

Bild 5.8: Turbinenschaufel mit Fräserwegen und Fräser

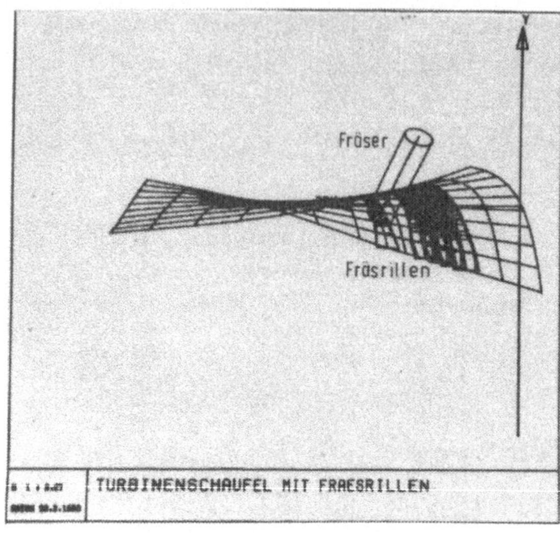

Bild 5.9: Turbi-
nenschaufel mit
Fräsrillen

metrie vermittelt. Die grafische Ausgabe kann sowohl auf dem
Bildschirm als auch auf der automatischen Zeichenmaschine
erfolgen.

Der Teileprogrammierer kann sich somit einen schnellen Über-
blick verschaffen über die erreichbare Makrogeometrie und

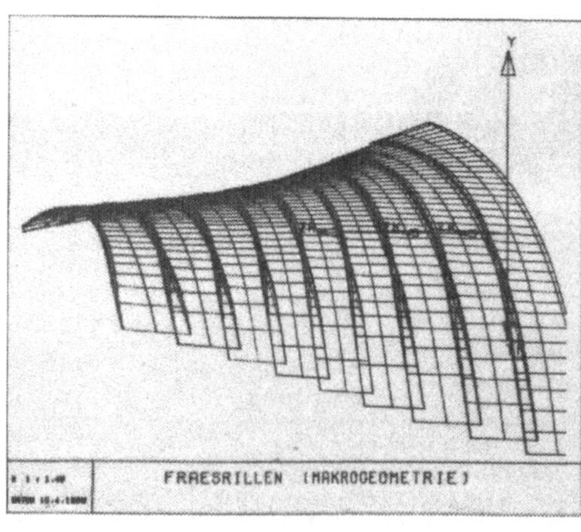

Bild 5.10: Makrogeo-
metrie gefräster
Oberflächen. Jede
Fräsrille wird als
Netzfläche darge-
stellt

bei Bedarf durch Änderung von Fräsbahnlagen, -arten und/
oder Werkzeug Einfluß auf die zu fräsende Oberflächen-
struktur nehmen.

Ein immer wieder auftretendes Problem ist für den Programmierer die Zuordnung der Werkzeugwege zu den entsprechenden Achsbewegungen der Werkzeugmaschine. Die im nächsten
Abschnitt vorgestellte Simulation der Maschinenbewegungen soll ihm ein Instrument sein, mit dessen Hilfe er sich
vorab informieren kann, wie die Bearbeitung auf der Maschine ablaufen wird.

5.2.2 Simulation der Werkzeugwege im Maschinenkoordinaten-
system

Wegen der für die Erzeugung der Fräserachsrichtung not-
wendigen Rotationsbewegungen von Maschinenachsen ist es
i.a. unmöglich, sich vorstellen zu können, wie eine Frä-
ser-Werkstück-Zuordnung, definiert im Werkstückkordinaten-
system, auf der Werkzeugmaschine realisiert wird. Auch
die günstigste Lage des Werkstücks im Maschinensystem ist
in manchen Fällen schwer zu finden. Des weiteren ist es
denkbar, daß in der Arbeitsvorbereitung archivierte NC-
Programme neu eingefahren werden müssen, der Programmin-
halt aber nur alphanumerisch dargestellt ist.

Für diese Anwendungsfälle bietet sich deshalb die grafische Simulation der Achsbewegungen der Werkzeugmaschine
an, bevor ein Auftrag die Maschine belegt. Dadurch können
Maschinenbelegungszeiten verringert werden.

Grundlage ist ein geeignetes Modell der Werkzeugmaschine.
Die Modellbildung wird am Beispiel der am Institut für
Steuerungstechnik der Werkzeugmaschinen und Fertigungseinrichtungen der Universität Stuttgart (ISW) verfügbaren Fünfachsenfräsmaschine aufgezeigt. Im Bild 5.11

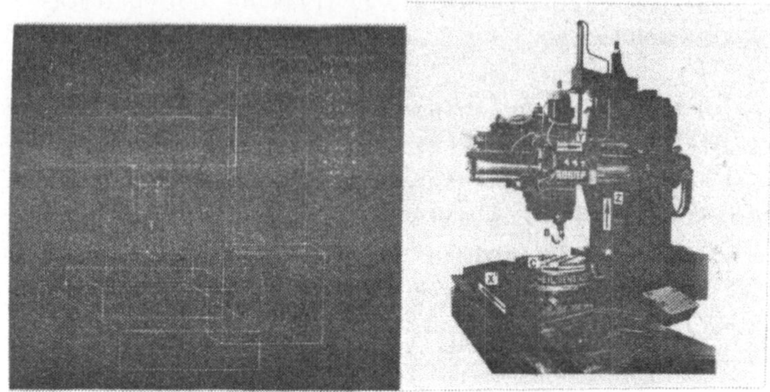

<u>Bild 5.11</u>: Modell und Original der Versuchsfräsmaschine

sind Modell und Original der Versuchsfräsmaschine aufgeführt. Die Struktur des Modells ist aus Bild 5.12 ersicht-
lich. Eingeteilt in statische und bewegte Maschinenelemen-
te sind Bett und Ständer, Tisch und Ausleger zu betrachten. Sie werden, um sie möglichst schnell zeichnen zu können,
durch Quader (Q) und Zylinder (Z_1) repräsentiert, deren
relative Lagen im Maschinenkoordinatensystem über die Ma-
schinenkoordinaten (X',Y,Z,B,C') gesteuert werden. Die
absolute Lage der einzelnen Körper im Modellkoordinaten-
system ergibt sich durch zusätzliche Überlagerung mit Ver-
schiebevektoren. Für die Projektion findet die Matrix
nach Bild 5.3 Anwendung, so daß die Maschine aus verschiedenen Blickwinkeln betrachtet werden kann.

Das Ausblenden unsichtbarer Kanten erhöht die Übersicht-
lichkeit, aber auch die Rechenzeit. Es wird darum ein
Kompromiß angestrebt, nach dem nur die Kanten eines Ele-
mentes ausgeblendet werden, die das Element selbst ver-
deckt, während die durch andere Elemente verdeckten Kan-

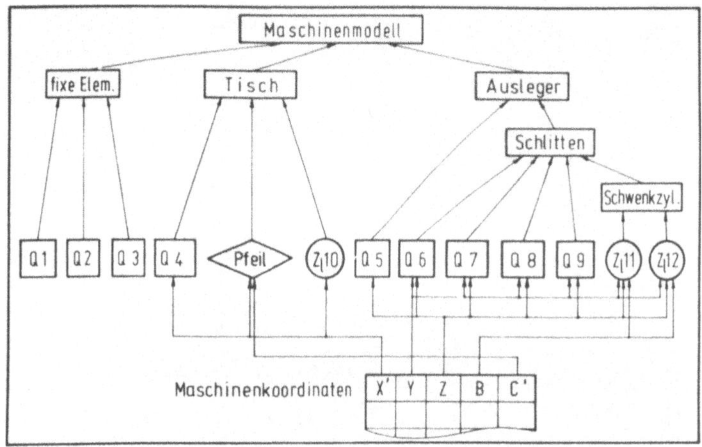

Bild 5.12: Struktur des Maschinenmodells

ten nicht ausgeblendet werden, damit die Wirkung der Maschinenbewegung nicht verloren geht. Eine Untergliederung der Elemente in solche, deren unsichtbare Kanten in jeder neuen Maschinenposition zu berechnen sind (z.B. der Werkzeughalter $Z_1 11$ und der Fräser $Z_1 12$), und in jene, die nur nach dem Berechnen einer neuen Projektionsmatrix überprüft werden müssen (z.B. das Bett oder der Ausleger), erspart weitere wertvolle Rechenzeit.

Für die Zylinder werden die aus Abschnitt 5.2.1.1 bekannten Sichtbarkeitsalgorithmen - in der Literatur als Flächentest bezeichnet / 49 / - angewandt, die analog auch für die Quader gelten. Die Drehtischbewegung um die eigene Achse wird durch einen angebrachten Pfeil gekennzeichnet (Bild 5.13), dessen Lage sich dem Drehtischwinkel entsprechend verändert.

Die Bewegung der Maschine wird realisiert analog der des Fräsers in Abschnitt 5.2.1.1.

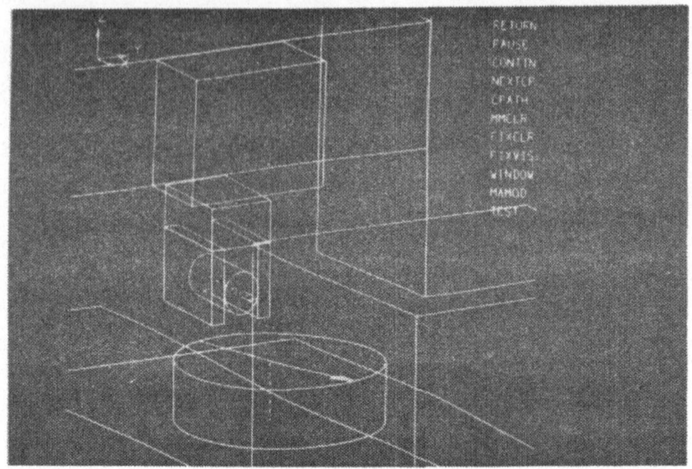

Bild 5.13: Ausschnittdarstellung mit Weg der Fräserspitze

Bild 5.14 gibt den Informationsfluß zur Simulation der Werkzeugwege und Maschinenbewegungen im Maschinenkoordinaten-

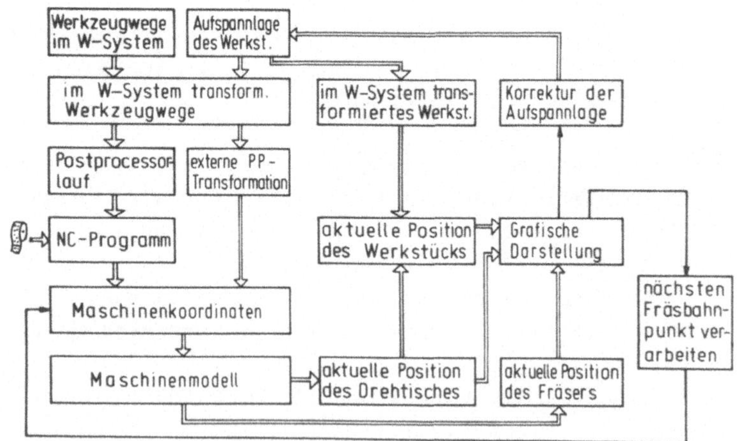

Bild 5.14: Informationsfluß zur Simulation der Achsbewegungen

system wieder. Es ist möglich, über NC-Programm-Eingabe, Postprocessorlauf oder externe Koordinatentransformation die Daten für das Maschinenmodell bereitzustellen und zu verarbeiten.

Ein weiteres wichtiges Anwendungsgebiet, was im Rahmen dieser Arbeit aber nicht verwirklicht wurde, ist die grafische Kollisionskontrolle zwischen Werkzeug und Werkstück bzw. Vorrichtung. Hierzu müßte zusätzlich die Darstellung des Werkstücks auf der Vorrichtung integriert werden. Aus Rechenzeitgründen wäre eine Bewegung der Achsen dann zwar nicht mehr zu simulieren, doch genügte für diesen Fall die Darstellung in kritischen Bereichen, um bei Bedarf Korrekturen einleiten zu können.

Denkbar ist auch die Anwendung der grafischen Simulation für Maschinen- und Postprocessorentwickler, die auf diese Weise Maschinenkonfiguration und Postprocessortransformationen überprüfen können.

Mit diesem Kapitel zur grafischen Darstellung werden die Grundlagen für den Aufbau eines interaktiven grafischen Systems abgeschlossen. Die Realisierung der Methoden wird anschließend behandelt.

6 Aufbau eines interaktiven grafischen Systems für die Programmierung gekrümmter Flächen

6.1 Hardwarekonfiguration

Gemäß Kapitel 2.3 lautet eine der Forderungen auf interaktive grafische Programmierung und diese setzt eine für diese Aufgabe geeignete Hardwarekonfiguration voraus. Der Dialog soll durch Informationsaustausch am grafischen Bildschirm ablaufen, Zwischen- und Endergebnisse bildlich dargestellt und korrigiert werden können.

Eine für diesen Zweck geeignete Hardwarestruktur ist z.B. das am ISW vorhandene Kleinrechnersystem (Bild 6.1).

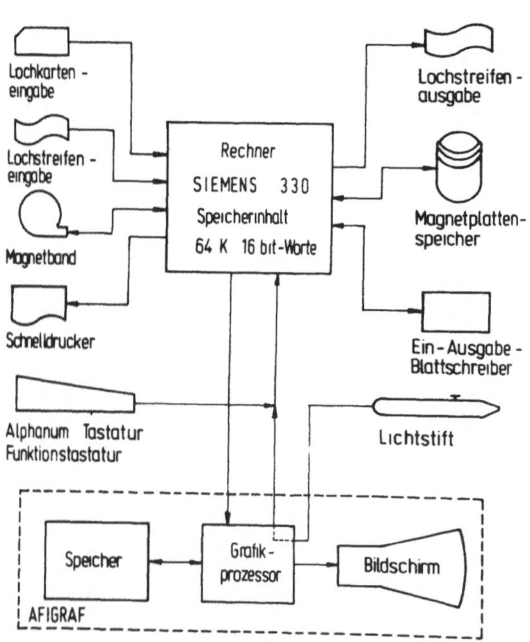

Bild 6.1: Hardwarestruktur eines interaktiven grafischen Systems / 50 /

Im Gegensatz zu vielen CAD-Systemen, die mit Speicherröhre
arbeiten / 51 /, wurde hier auf ein Bildschirmsystem mit
Bildwiederholspeicher - das Bild wird mehrmals pro Sekunde
neu geschrieben - Wert gelegt, dessen Nachteile im höheren Preis und in der geringeren darstellbaren Informations-
menge liegen.Die Vorteile hingegen bestehen darin, daß
Teile des Bildschirminhalts markiert, verändert, gelöscht
werden können, ohne das gesamte Bild wieder neu zeichnen zu
müssen. Weiter kann mit Bildwiederholung auf einfache Weise der Eindruck eines sich bewegenden Gegenstandes (z.B.
eines Fräsers) erzeugt werden. Als Zusatzgerät zum Markie-
ren von Bildelementen oder zum Führen eines Fadenkreuzes
hat man daher an bildwiederholenden Systemen einen Licht-
stift / 28 /.

Auf der Basis dieses Kleinrechnersystems wurde das Programmiersystem INCSS5 (Interaktives NC-Programmiersystem für
gekrümmte Flächen (Sculptured Surfaces) zur fünfachsigen
Fertigung) entwickelt / 50 /.

6.2 Struktur des Programmiersystems

Kennzeichnend ist die modulare Struktur (Bild 6.2), wie sie
sich einmal von der Aufgabenteilung her anbietet und zum
andern aufgrund der begrenzten Arbeitsspeicherkapazität
notwendig ist. Jeder Modul muß seiner Größe wegen segmen-
tiert gebunden werden. Alle Moduln sind zu einer parallel-
strukturierten Programmkette verknüpft; die Verknüpfung
leistet ein Koordinierungsprogramm / 52 /.

Die Steuerung des Programmablaufs erfolgt interaktiv über
Menüelemente, wenn möglich auch über Funktionstastatur. Die
alphanumerische Tastatur wird zur Eingabe von Zahlen und
Texten benötigt.

Den Ausgangspunkt im Informationsfluß bildet die geometrische Werkstückbeschreibung (Teileprogrammierung Geo-

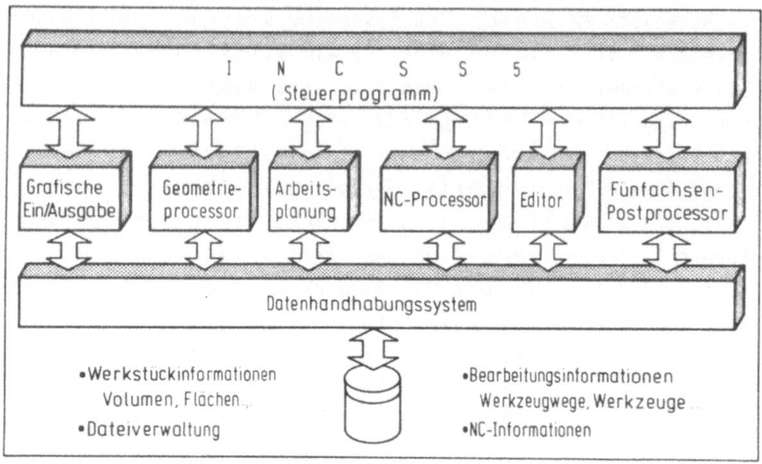

Bild 6.2: Modulare Programmstruktur (nach / 50 /)

metrie), in der eine vollständige, NC-gerechte Beschreibung des Werkstücks aufgebaut wird / 27 /. Der Arbeits-
planungsmodul, im Informationsfluß der Geometriebeschreibung folgend, dient der Erzeugung der Bearbeitungsinformationen. Zu ihnen gehören Angaben zum Werkzeug, Kühlwas-
ser, Vorschubgeschwindigkeiten, Toleranzen und die geometrischen Daten der Werkzeugwege, die im Bearbeitungsmodell abgespeichert werden. Aus diesen Angaben formt der
NC-Processor die CLDATA-Schnittstelle nach DIN 66215 / 24 /
für den Fünfachsen-Postprocessor. Für die Kontrolle der
Berechnungsergebnisse wurde ein Grafik-Modul aufgebaut,
der gleichermaßen der grafischen Ein- als auch der Ausgabe dient. Die Ausgabe kann wahlweise auf Bildschirm
oder automatischer Zeichenmaschine erfolgen.

Den Editor benötigt man zur Manipulation der NC-Infor-
mationen, d.h. der Exekutiv-Teileprogramme und der korrespondierenden CLDATA-Texte.

6.3 Programmierung und Fertigung eines Testwerkstücks

Als Testbeispiel wurde die stark gekrümmte Oberfläche
der aus Kapitel 5, Bild 5.9, bekannten Turbinenschaufel
gewählt.

Bei einer Oberfläche dieser Art, bei der keine begrenzenden
Geometrieelemente zu berücksichtigen sind und bei der die
Form des Flächenstücks nicht außergewöhnlich ist, sind
Parameterkurven die geeignetsten Fräsbahnen. Es spricht
auch kein Argument gegen den Einsatz eines zylindrischen
Schaftfräsers mit gerader Stirn oder eines Messerkopf-
fräsers.

Es stellt sich die Aufgabe, mit welchen Parameterlinien-
scharen die Fläche zu bearbeiten ist: Entweder v-Linien
(Bild 5.4) oder u-Linien (Bild 5.9). Ein Vergleich der
Makrogeometrie am grafischen Bildschirm fällt eindeutig
zugunsten der u-Linien aus (Bild 6.3). Das Bild 6.4

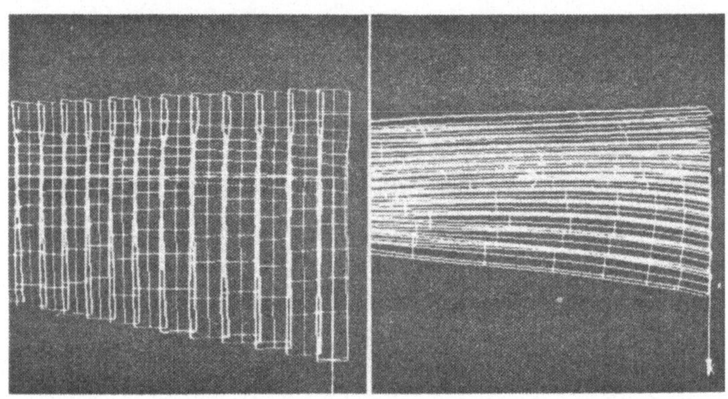

Bild 6.3: Vergleich der Makrogeometrie verschiedener Fräsbahnlagen

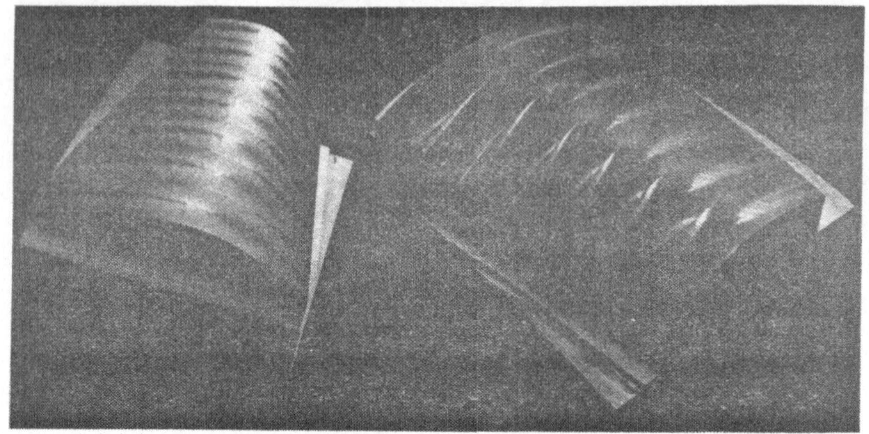

<u>Bild 6.4:</u> Fünfachsig gefräste Oberfläche des Testwerkstücks

zeigt das fünfachsig in Aluminium gefräste Testwerkstück.
Ein Vergleich mit der grafisch dargestellten Makrogeometrie (Bild 5.10) beweist die praktische Hilfestellung der
grafischen Darstellung für den Programmierer. Durch die
automatische Fräsbahnabstandsberechnung sowie die Berechnung der optimalen Fräserachsrichtung konnte mit relativ
wenigen Fräsbahnen eine sehr glatte Oberfläche erzeugt
werden.

Treten bei der Fertigung Probleme auf, die Korrekturen
der Steuerinformationen an der Fertigungseinheit erfor-
dern, so ist nach Bild 2.4 eine der Schwierigkeiten, daß
die korrigierten Daten u.U. nicht in die Arbeitsvorbereitung zurückgemeldet werden. Dies bedeutet verschiedene Datenbestände zum selben Sachverhalt in verschiedenen
Betriebsbereichen. Dies zu vermeiden ist das Ziel der
Integration des verbesserten NC-Datenflusses in den technischen Informationsfluß.

6.4 Konzeption eines integrierten CAD/CAM-Systems für die Darstellung und Bearbeitung gekrümmter Flächen

Die Ziele eines integrierten Systems sind sowohl schnelle, fehlerfreie Informationsverarbeitung als auch störungsfreier, flexibler Informationstransport / 53 /.

Aus diesen Überlegungen heraus sowie um die isolierte Stellung des verbesserten NC-Datenflusses innerhalb des technischen Informationsflusses zu beseitigen, entstand die Konzeption eines integrierten CAD/CAM-Systems nach Bild 6.5. Im Mittelpunkt steht der CAD/CAM-Rechner, der im Arbeitsbereich des Konstrukteurs oder des Arbeitsvorbereiters steht und der über Datenfernleitung mit dem zentralen Großrechner des Betriebs verbunden ist. Der Großrechner dient der Verknüpfung mit anderen Betriebsberei-

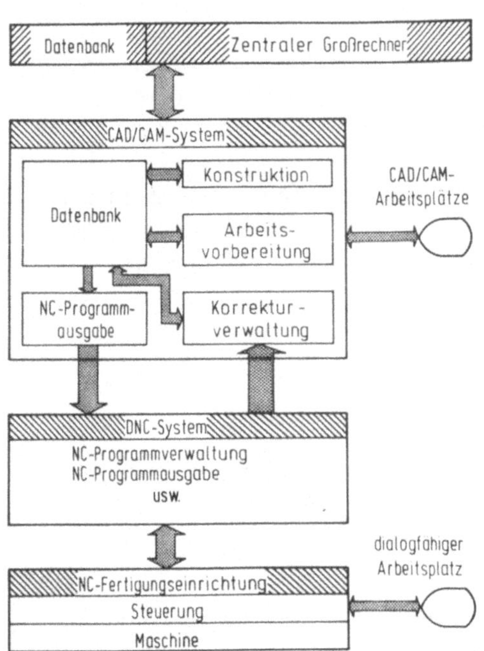

Bild 6.5: Integriertes CAD/CAM-System

chen sowie eventuell der Verarbeitung großer Datenmengen.
Er muß deshalb über dieselbe rechnerinterne Darstellung
als auch über die Datenmanipulationsprogramme verfügen.

Durch den Anschluß eines DNC-Systems mit dialogfähigem Ar-
beitsplatz an der Fertigungseinrichtung und entsprechender Hard- und Softwarekopplung zum bidirektionalen Informationsaustausch wird die Fertigung rechnerintern an
die vorgelagerten Bereiche angeknüpft. Zur Verarbeitung
der aus der Fertigung rückgemeldeten Korrekturdaten müssen im CAD/CAM-System Schnittstellen eingerichtet werden,
damit sie in der Datenbasis abgespeichert werden können.

Die geforderte Schnittstelle braucht jedoch nicht neu
konzipiert zu werden, da sie im Bearbeitungsmodell in
der Datei 'Teileprogramm' als Relation 'NCP' bereits vorhanden ist, und über die auf die anderen Relationen zugegriffen werden kann. Voraussetzung ist, daß die Korrekturdaten mit einem entsprechenden Schlüssel versehen sind,
über den die Datenbank angesprochen und der richtige Arbeitsteilvorgang ausgewählt werden kann.

Auf der anderen Seite bietet das Bearbeitungsmodell die
Schnittstelle zu CAD an, vorausgesetzt, das Werkstückmodell genügt den Anforderungen aus der NC-Programmierung.

7 Zusammenfassung

Das fünfachsige NC-Fräsen von Werkstücken mit gekrümmten Flächen ermöglicht neben geometrischen und technologischen unter bestimmten Bedingungen auch wirtschaftliche Vorteile gegenüber konkurrierenden Fertigungsverfahren, speziell dem dreiachsigen NC-Fräsen. Sehr schwierig gestaltet sich jedoch die Umsetzung der Konstruktionsdaten in Fertigungsanweisungen, wodurch hauptsächlich wegen mehrmals zu durchlaufender Korrekturzyklen ein möglicher wirtschaftlicher Vorsprung eingebüßt werden kann. Eine optimale fünfachsige Fräserführung ist in keinem der verfügbaren NC-Programmiersysteme verwirklicht, so daß außer wirtschaftlichen auch geometrische Vorteile nicht genutzt werden können.

Diese Umstände mußten zwangsläufig zur Entwicklung eines interaktiven grafischen NC-Programmiersystems führen, das kleinrechnerorientiert und direkt dem Arbeitsbereich des Arbeitsvorbereiters zugeordnet ist. Die Forderungen nach Methoden zur bestmöglichen fünfachsigen Fräserführung und der Verringerung der Anzahl der Korrekturzyklen führten zu Untersuchungen einerseits über die Fräserwegberechnung und andererseits über die grafische Programmierung und Darstellung.

Neben Flächenpunkten und -normalen werden für die Fräsbahnlinearisierung, die Kollisionskontrolle und die Fräsbahnabstandsberechnung Krümmungsradien und Tangenten in Fräsbahnrichtung und senkrecht dazu nach differentialgeometrischen Gesichtspunkten berechnet. Voraussetzung für die Fräsbahnabstandsberechnung und die grafische Darstellung der Makrogeometrie gefräster Oberflächen ist die allgemeine räumliche Vektordarstellung des Fräsrillenprofils.

Die Bearbeitung zweier zusammenstoßender gekrümmter Flächen kann in der Nähe der gemeinsamen Kante nur mit Frä-

sern mit runder Stirn kollisionsfrei erfolgen. Eine dafür
geeignete direkte Berechnung wurde den iterativen Methoden
gegenübergestellt. Der größere mathematische Aufwand für
die Herleitung der Berührpunktgleichungen lohnt sich jedoch im Hinblick auf eine weniger schwerfällige Handhabung.
Auch das Umfangsfräsen abwickelbarer Flächen, die von gekrümmten Flächen begrenzt werden, ist ähnlich zu lösen.

Grundlage für die interaktive grafische Programmierung ist
das entwickelte Bearbeitungsmodell, in dem sowohl Schnittstellen zur Geometrie (CAD) als auch zur Fertigung (CAM)
eingerichtet wurden. Ein geeignetes Datenbanksystem wurde
ebenfalls vorgestellt. Zur Beseitigung der Mängel des
verbesserten NC-Datenflusses, vor allem der in der Arbeitsvorbereitung nicht erfaß- und dokumentierbaren, an
der Steuerung vorgenommenen Korrekturen, ergab sich die
Notwendigkeit, eine integrierte Gesamtlösung von der
Konstruktion bis zum Fertigungsbereich zu erarbeiten.

Die Methoden der grafischen Darstellung dienen der Kontrolle der berechneten Ergebnisse und zur Simulation der
Werkzeugbewegungen, um die Testzeiten auf der Werkzeugmaschine senken zu helfen. Verschiedene Möglichkeiten der
grafischen Darstellung, vom Weg der Fräserspitze, der
Abbildung der Richtungsvektoren, der Fräser- und Maschinenbewegungen sowie der Makrogeometrie gefräster Oberflächen, wurden als Hilfsmittel für die NC-Programmierung
realisiert.

Die Algorithmen wurden in ein interaktives grafisches Systems integriert und am Beispiel eines Werkstücks ausge-
testet.

Schrifttum

/ 1 / Voigtländer, O.   Die Herstellung von Umformwerk-
      Essel, K.   zeugen.
                        wt-Z.ind.Fertig.70(1980) Nr.2,
                        S.103 ... 109.

/ 2 / Damsohn, H.   Fünfachsiges NC-Fräsen gekrümmter
      Henning, H.   Flächen.
                        ZwF 72 (1977) H.5, S.77 ... 80.

/ 3 / Damsohn, H.   Fünfachsiges NC-Fräsen. Beitrag zur
                        Technologie, Teileprogrammierung
                        und Postprocessorverarbeitung.
                        Berlin, Heidelberg, New York:
                        Springer Verlag, 1976.

/ 4 / Henning, H.   Fünfachsiges NC-Fräsen gekrümmter
                        Flächen. Beitrag zur numerischen
                        Flächendarstellung, Programmierung
                        und Fertigung.
                        Berlin, Heidelberg, New York:
                        Springer Verlag, 1976.

/ 5 / Esch, H.   Der geometrische Aufbau von Fünf-
                        achsenmaschinen.
                        Essen: Girardet-Verlag. HGF-Kurz-
                        berichte (Lose-Blatt-Sammlung)
                        Blatt 72/42, 1972.

/ 6 / Bumiller, S.   Gesichtspunkte zur Auslegung der
      Esch, H.   NC-Fünfachsen-Fräsmaschine am
      Petera, T.   Institut für Steuerungstechnik der
                        Werkzeugmaschinen und Fertigungs-
                        einrichtungen der Universität Stgt.
                        VDI-Berichte Nr.166 (1971),
                        S.115 ... 119.

/ 7 / Tränkle, H.   Auswirkungen der Fehler in den Po-
                         sitionen der Maschinenachsen beim
                         fünfachsigen Fräsen. Ein Beitrag
                         zur Analyse von Abweichungen am
                         Werkstück.
                         Berlin, Heidelberg, New York:
                         Springer Verlag, 1977.

/ 8 / Storr, A.   Programmierung eines Pumpenlauf-
      Sielaff, W.   rades für fünfachsige NC-Bearbeitung.
                         wt -Z.ind.Fertig.68(1978) Nr.4,
                         S.203 ... 207.

/ 9 / Sielaff, W.   Fünfachsiges NC-Umfangsfräsen von
                         Werkstücken mit verwundenen Regel-
                         flächen. Ein Beitrag zur Techno-
                         logie und Teileprogrammierung.
                         Berlin, Heidelberg, New York:
                         Springer Verlag, 1981.

/ 10 / Schmatz, W.   Fünfachsiges Umfangsfräsen mit
       Schmeer, E.   Formfräsern.
       Kohl, R.   wt-Z.ind.Fertig.69(1979) Nr.1,
                         S.1 ... 3.

/ 11 / Stute, G.   Fertigung von Umformwerkzeugen
       Sielaff, W.   durch NC-Fräsen.
                         wt-Z.ind.Fertig.70(1980) Nr.9,
                         S.603 ... 606.

/ 12 / Debus, A.   Struktur und Aufbau fertigungs-
       Storr, A.   technischer Programmiersysteme bei
                         integrierter Datenverarbeitung.
                         wt-Z.ind.Fertig.66(1976) Nr.3,
                         S.143 ... 148.

/ 13 / Schönherr, S. Das Fertigungsproblem beliebig
gekrümmter Flächen.
Berlin: Dr.-Ing.-Diss., 1972.

/ 14 / Bonitz, P. Ein Beitrag zur Theorie des Ent-
wurfs doppelt gekrümmter Flächen
unter differentialgeometrischen
und rechentechnischen Aspekten.
Dresden: Dr.-Ing.-Diss., 1976.

/ 15 / Bézier, P. UNISURF System: Principles and
Application.
In: The Expanding World of NC. Pro-
ceedings of the 9. Annual Meeting
&Technical Conference. Numerical
Control Society. Edited by Marie
de Vries, 1972, S.169 ... 185.

/ 16 / Wilfert, H.G. Probleme der rechnerunterstützten
Konstruktion und Fertigung im
Karosseriebau.
Ind.-Anz.96(1974)Nr.9, S.453 ... 456.

/ 17 / Lange, K. Hohlformwerkzeuge für Ur- und Um-
formverfahren.
VDI-Berichte Nr. 166 (1971),
S.83 ... 96.

/ 18 / Schwegler, H. Beitrag zur Beschreibung und Programmierung von gekrümmten Flä-
chen und deren Fertigung auf numerisch gesteuerten Werkzeugmaschinen.
Berlin, Heidelberg, New York:
Springer Verlag, 1972.

/ 19 / Henning, H.   Die Makrogeometrie gefräster Ober-
                            flächen.
                            Essen: Girardet-Verlag. HGF-Kurz-
                            berichte (Lose-Blatt-Sammlung)
                            Blatt 73/23, 1973.

/ 20 / Spur, G.   Rechnergeführte Fertigung.
        Stute, G.   München: Carl Hanser Verlag, 1977.
        Weck, M.

/ 21 / Osofisan, P.B.   CNC für Fünfachsen-Fertigungsein-
                            richtungen - ein Beitrag zur Ver-
                            besserung des NC-Datenflusses bei
                            simultan gesteuerten rotatorischen
                            und translatorischen Werkzeugbe-
                            wegungen.
                            Berlin, Heidelberg, New York:
                            Springer Verlag, 1979.

/ 22 / Eisinger, J.   Numerisch gesteuerte Mehrachsen-
                            fräsmaschinen. Fräsbahnabweichungen
                            aufgrund der Kinematik und Inter-
                            polation.
                            Berlin, Heidelberg, New York:
                            Springer Verlag, 1972.

/ 23 / Walter, W.   Die Fräserachswinkeländerung als
                            Interpolationskriterium beim
                            fünfachsigen Fräsen.
                            Essen: Girardet-Verlag. HGF-Kurz-
                            Berichte (Lose-Blatt-Sammlung)
                            Blatt 76/95, 1976.

/ 24 / DIN 66215   CLDATA-Programmierung numerisch ge-
                            steuerter Arbeitsmaschinen.
                            August, 1973.

/ 25 / von Zeppelin, W.   CNC-Drehautomat mit integriertem
                       Programmiersystem.
                       ZwF 74 (1979) H.10, S.475 ... 481.

/ 26 / Daulte, J.J.   Informationsschnittstellen zwi-
                       schen Beschreibung und Fertigung
                       gekrümmter Flächen.
                       Zürich: Dr.-Ing.-Diss., 1978.

/ 27 / Sanzenbacher, M.   Beitrag zur NC-gerechten Beschrei-
                       bung von Werkstücken mit gekrümmten
                       Flächen.
                       Berlin, Heidelberg, New York:
                       Springer Verlag, erscheint 1982.

/ 28 /   Einführung in Computer Graphics.
                       Technische Universität Berlin, Kurs-
                       materialien zur Automatisierung,
                       Analyse und Synthese dynamischer
                       Systeme, Nr.55, 1973.

/ 29 / Strubecker, K.   Differentialgeometrie II.
                       Sammlung Göschen, Bd.1179/1179a,
                       1968.

/ 30 / Bézier, P.   Procédé de définition numérique
                       des courbes et surfaces non mathé-
                       matics. System UNISURF.
                       Automatisme 13 (1968) Nr.5,
                       S.189 ... 196.

/ 31 / Coons, S.A.   Surfaces for Computer Aided Design
                       of Space Forms. MAC-TR-41, Project
                       MAC, MIT, 1967.

/ 32 / Strauß, R.,   Ein leistungsfähiges Verfahren zur
        Henning, H.   Approximation von Raumpunkten durch
                             ein Flächenstück.
                             Angewandte Informatik 18 (1976)
                             H. 9, S. 401 ... 406.

/ 33 / Sanzenbacher, M.   Numerische Beschreibung beliebig ge-
                             krümmter Flächen mit Hilfe eines in-
                             teraktiven Bildschirmsystems.
                             Essen: Girardet-Verlag. HGF-Kurzbe-
                             richte (Lose-Blatt-Sammlung)
                             Blatt 79/95, 1979.

/ 34 / Tönshoff, H.K.,   Arbeitsplanung im Dialog mit dem
        u.a.   Rechner für die Anforderungen mitt-
                             lerer Unternehmen.
                             Ind.-Anz. 101 (1979) Nr. 73,
                             S. 40 ... 43.

/ 35 / Bronstein, I.N.,   Taschenbuch der Mathematik.
        Semendjajew, K.   Zürich, Frankfurt: Verlag Harri
                             Deutsch, 1973.

/ 36 / Walter, W.   Fräserwegberechnung für fünfachsiges
                             Stirnfräsen gekrümmter Flächen.
                             Essen: Girardet-Verlag. HGF-Kurz-
                             berichte (Lose-Blatt-Sammlung)
                             Blatt 79/40, 1979.

/ 37 /   FMILL-APTLFT. IIT Research Institute.
                             IITRI Library Item 548.

/ 38 / Faux, I.D.,   Computational Geometry for Design
        Pratt, M.J.   and Manufacture.
                             New York, Chichester, Brisbane,
                             Toronto: John Wiley & Sons, 1979.

/ 39 / Walter, W.

Gekrümmte Flächen als Grenz- und Leitflächen beim fünfachsigen Fräsen.
Essen: Girardet-Verlag. HGF-Kurz-
berichte (Lose-Blatt-Sammlung)
Blatt 80/50, 1980.

/ 40 / Willers, A.F.

Methoden der grafischen Analysis.
Berlin, New York: De Gruyter-Ver-
lag, 1971.

/ 41 / Noble, B.

Numerisches Rechnen I.
Mannheim: Hochschultaschenbücher-
Verlag, 1966.

/ 42 / Storr, A.

Automatisierung des betrieblichen
Informationsflusses I.
Vorlesungsmanuskript.
Universität Stuttgart, 1978.

/ 43 / Pieperhoff, H.J.

Komponenten eines integrierten
CAD/CAM-Programmsystems.
Ind.-Anz. 101 (1979) Nr.73,
S. 30 ... 35.

/ 44 / Eversheim, W.,
Wiewelhofe, W.,
Szabó, Z.-J.

Maschinelle Arbeitsplanerstellung.
Karlsruhe: KFK-CAD 46, 1977.

/ 45 / Krause, F.-L.

Ein Beitrag zur Behandlung rechner-
interner Darstellungen in CAD-Pro-
zessen.
ZwF 69 (1974) H.5, S. 228 ... 233.

/ 46 / Ross, D.T.

A generalized technique for symbol
manipulation and numerical calcu-
lation.
Communications ACM Vol. 4 (1961)
No. 3, pp. 147.

/ 47 / Greindl, A.   Datenhandhabung in CAD/CAM-Prozessen.
                             Berlin: Dr.-Ing.-Diss., 1977.

/ 48 / Wedekind, H.   Datenbanksysteme I.
                             Mannheim, Wien, Zürich: BI-Wissen-
                             schaftsverlag, 1974.

/ 49 / Encarnacao, J.L.   Computer Graphics. Programmierung
                             und Anwendung von graphischen Sy-
                             stemen.
                             München, Wien: R.Oldenbourg-Verlag,
                             1975.

/ 50 / Sanzenbacher, M.,   Interaktives grafisches NC-Program-
       Walter, W.   miersystem zur fünfachsigen Ferti-
                             gung gekrümmter Flächen.
                             Essen: Girardet-Verlag. HGF-Kurz-
                             berichte (Lose-Blatt-Sammlung)
                             Blatt 78/12, 1978.

/ 51 / Kaebelmann, E.F.,   Strukturen von CAD-Arbeitsplätzen
       Krause, F.-L.,   in den USA.
       Müller, G.   ZwF 72 (1977) Nr. 1, S. 20 ... 26.

/ 52 / Stute, G.,   Strukturierung von Programmketten
       Holtz, K.   am Beispiel CAD, Anwendung Hydrau-
                             lik.
                             In: Strukturierungsmethode und
                             Computer, Bwl 101.
                             Frankfurt/Main: Maschinenbau-Ver-
                             lag GmbH, 1978.

/ 53 / Klug, H.-G.   Ein Beitrag zur Integration auto-
                             matisierter technischer Betriebsbe-
                             reiche.
                             Berlin, Heidelberg, New York:
                             Springer Verlag, 1978.

Berichte aus dem Institut für Steuerungstechnik der Werkzeugmaschinen und Fertigungseinrichtungen der Universität Stuttgart

Herausgegeben von Prof. Dr.-Ing. G. Stute

Erschienen:

ISW 1:   D. Schmid, Numerische Bahnsteuerung, 89 S., 1972

ISW 2:   H. Schwegler, Fräsbearbeitung gekrümmter Flächen, 111 S., 1972

ISW 3:   J. Eisinger, Numerisch gesteuerte Mehrachsenfräsmaschinen, 90 S., 1972

ISW 4:   R. Nann, Rechnersteuerung von Fertigungseinrichtungen, 125 S., 1972

ISW 5:   G. Augsten, Zweiachsige Nachformeinrichtungen, 140 S., 1972

ISW 6:   B. Karl, Die Automatisierung der Fertigungsvorbereitung durch NC-Programmierung, 121 S., 1972

ISW 7:   H. Eitel, NC-Programmiersystem, 117 S., 1973

ISW 8:   E. Knorr, Numerische Bahnsteuerung zur Erzeugung von Raumkurven auf rotationssymmetrischen Körpern, 131 S., 1973

ISW 9:   S. Bumiller, Viskohydraulischer Vorschubantrieb, 123 S., 1974

ISW 10:   K. Maier, Grenzregelung an Werkzeugmaschinen, 139 S., 1974

ISW 11:   J. Waelkens, NC-Programmierung, 159 S., 1974

ISW 12:   E. Bauer, Rechnerdirektsteuerung von Fertigungseinrichtungen, 138 S., 1975

IWS 13:   H. König, Entwurf und Strukturtheorie von Steuerungen für Fertigungseinrichtungen, 206 S., 1976

ISW 14:   H. Damson, Fünfachsiges NC-Fräsen, 143 S., 1976

ISW 15:   H. Jetter, Programmierbare Steuerungen, 141 S., 1976

ISW 16:   H. Henning, Fünfachsiges NC-Fräsen gekrümmter Flächen, 179 S., 1976

ISW 17:   K. Boelke, Analyse und Beurteilung von Lagesteuerungen für numerisch gesteuerte Werkzeugmaschinen, 106 S., 1977

ISW 18:   F.-R. Götz, Regelsystem mit Modellrückkopplung für variable Streckenverstärkung, 116 S., 1977

ISW 19:   H. Tränkle, Auswirkungen der Fehler in den Positionen der Maschinenachsen beim fünfachsigen Fräsen, 103 S., 1977

ISW 20:   P. Stof, Untersuchungen über die Reduzierung dynamischer Bahnabweichungen bei numerisch gesteuerten Werkzeugmaschinen, 118 S., 1978

ISW 21:   R. Wilhelm, Planung und Auslegung des Materialflusses flexibler Fertigungssysteme, 158 S., 1978

ISW 22:   N. Kappen, Entwicklung und Einsatz einer direkten digitalen Grenzregelung für eine Fräsmaschine mit CNC, 123 S., 1979

ISW 23:   H. G. Klug, Integration automatisierter technischer Betriebsbereiche, 124 S., 1978

ISW 24:   D. Binder, Interpolation in numerischen Bahnsteuerungen, 132 S., 1979

ISW 25:   O. Klingler, Steuerung spanender Werkzeugmaschinen mit Hilfe von Grenzregeleinrichtungen (ACC), 124 S., 1979

ISW 26: L. Schenke, Auslegung einer technologisch-geometrischen Grenzregelung für die Fräsbearbeitung, 113 S., 1979

ISW 27: H. Wörn, Numerische Steuersysteme. Aufbau und Schnittstellen eines Mehrprozessorsteuersystems, 141 S., 1979

ISW 28: P. B. Osofisan, Verbesserung des Datenflusses beim fünfachsigen NC-Fräsen, 104 S., 1979

ISW 29: J. Berner, Verknüpfung fertigungstechnischer NC-Programmiersysteme, 101 S., 1979

ISW 30: K.-H. Böbel, Rechnerunterstütze Auslegung von Vorschubantrieben, 113 S., 1979

ISW 31: W. Dreher, NC-gerechte Beschreibung von Werkstücken in fertigungstechnisch orientierten Programmsystemen, 105 S., 1980

ISW 32: R. Schurr, Rechnerunterstützte Projektierung hydrostatischer Anlagen, 115 S., 1981

ISW 33: W. Sielaff, Fünfachsiges NC-Umfangsfräsen verwundener Regelflächen. Beitrag zur Technologie und Teileprogrammierung, 97 S., 1981

ISW 34: J. Hesselbach, Digitale Lageregelung an numerisch gesteuerten Fertigungseinrichtungen, 111 S., 1981

ISW 35: P. Fischer, Rechnerunterstützte Erstellung von Schaltplänen am Beispiel der automatischen Hydraulikplanzeichnung, 111 S., 1981

ISW 36: U. Ackermann, Rechnerunterstützte Auswahl elektrischer Antriebe für spanende Werkzeugmaschinen, 118 S., 1981

ISW 37: W. Döttling, Flexible Fertigungssysteme – Steuerung und Überwachung des Fertigungsablaufs, 105 S., 1981

ISW 38: J. Firnau, Flexible Fertigungssysteme – Entwicklung und Erprobung eines zentralen Steuersystems, 112 S., 1981

ISW 39: A. Herrscher, Flexible Fertigungssysteme – Entwurf und Realisierung prozeßnaher Steuerungsfunktionen, 103 S., 1981

ISW 40: U. Spieth, Numerische Steuersysteme – Hardwareaufbau und Ablaufsteuerung eines Mehrprozessorsteuersystems, 115 S., 1982.

ISW 41: A. Schimmele, Rechnerunterstützter Entwurf von Funktionssteuerungen für Fertigungseinrichtungen, 106 S., 1982

ISW 43: W. Walter, Interaktive NC-Programmierung von Werkstücken mit gekrümmten Flächen, 112 S., 1982.

In Vorbereitung

ISW 42: M. Sanzenbacher, NC-gerechte Beschreibung von Werkstücken mit gekrümmten Flächen, 105 S., 1982.

Springer-Verlag
Berlin · Heidelberg · New York